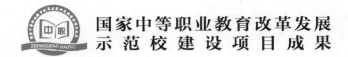

国家中等职业教育改革发展
示范校建设项目成果

# 动态网页设计实训指导书

*dongtai wangye sheji shixun zhidaoshu*

主　编　朱小远

副主编　何万里

参　编　盘耀雄　郁其雄

知识产权出版社

全国百佳图书出版单位

责任编辑：石陇辉　　　　　　　责任校对：韩秀天

文字编辑：李　潇　　　　　　　责任出版：卢运霞

封面设计：刘　伟

**图书在版编目（CIP）数据**

动态网页设计实训指导书/朱小远主编 . 一北京：
知识产权出版社，2014.1

国家中等职业教育改革发展示范校建设项目成果

ISBN 978 - 7 - 5130 - 2184 - 5

Ⅰ. ①动…　Ⅱ. ①朱…　Ⅲ. ①网页制作工具—中等专
业学校—教学参考资料　Ⅳ. ①TP393.092

中国版本图书馆 CIP 数据核字（2013）第 177068 号

国家中等职业教育改革发展示范校建设项目成果

**动态网页设计实训指导书**

朱小远　　主编

| | | | |
|---|---|---|---|
| 出版发行： | 知识产权出版社 | | |
| 社　　址：北京市海淀区马甸南村 1 号 | | 邮　　编：100088 | |
| 网　　址：http：//www.ipph.cn | | 邮　　箱：bjb@cnipr.com | |
| 发行电话：010－82000860 转 8101/8102 | | 传　　真：010－82005070/82000893 | |
| 责编电话：010－82000860 转 8175 | | 责编邮箱：shilonghui@cnipr.com | |
| 印　　刷：北京中献拓方科技发展有限公司 | | 经　　销：新华书店及相关销售网点 | |
| 开　　本：787mm×1092mm　1/16 | | 印　　张：4.75 | |
| 版　　次：2014 年 1 月第 1 版 | | 印　　次：2014 年 1 月第 1 次印刷 | |
| 字　　数：101 千字 | | 定　　价：18.00 元 | |

ISBN 978-7-5130-2184-5

# 审定委员会

主　任：高小霞

副主任：郭雄艺　罗文生　冯启廉　陈　强

　　　　刘足堂　何万里　曾德华　关景新

成　员：纪东伟　赵耀庆　杨　武　朱秀明　荆大庆

　　　　罗树艺　张秀红　郑洁平　赵新辉　姜海群

　　　　黄悦好　黄利平　游　洲　陈　娇　李带荣

　　　　周敬业　蒋勇辉　高　琰　朱小远　郭观棠

　　　　祝　捷　蔡俊才　张文库　张晓婷　贾云富

# 序

　　根据《珠海市高级技工学校"国家中等职业教育改革发展示范校建设项目任务书"》的要求，2011 年 7 月至 2013 年 7 月，我校立项建设的数控技术应用、电子技术应用、计算机网络技术和电气自动化设备安装与维修四个重点专业，需构建相对应的课程体系，建设多门优质专业核心课程，编写一系列一体化项目教材及相应实训指导书。

　　基于工学结合专业课程体系构建需要，我校组建了校企专家共同参与的课程建设小组。课程建设小组按照"职业能力目标化、工作任务课程化、课程开发多元化"的思路，建立了基于工作过程、有利于学生职业生涯发展的、与工学结合人才培养模式相适应的课程体系。根据一体化课程开发技术规程，剖析专业岗位工作任务，确定岗位的典型工作任务，对典型工作任务进行整合和条理化。根据完成典型工作任务的需求，四个重点建设专业由行业企业专家和专任教师共同参与的课程建设小组开发了以职业活动为导向、以校企合作为基础、以综合职业能力培养为核心，理论教学与技能操作融合贯通的一系列一体化项目教材及相应实训指导书，旨在实现"三个合一"：能力培养与工作岗位对接合一、理论教学与实践教学融通合一、实习实训与顶岗实习学做合一。

　　本系列教材已在我校经过多轮教学实践，学生反响良好，可用做中等职业院校数控、电子、网络、电气自动化专业的教材，以及相关行业的培训材料。

**珠海市高级技工学校**

# 前　　言

　　本册《动态网页设计实训指导书》，是计算机网络技术专业优质核心课程"动态网页设计"的配套实训指导书。课程建设小组以计算机网页设计职业岗位工作任务分析为基础，以国家职业资格标准为依据，以综合职业能力培养为目标，以典型工作任务为载体，以学生为中心，运用一体化课程开发技术规程，根据典型工作任务和工作过程设计课程教学内容和教学方法，按照工作过程的顺序和学生自主学习的要求进行教学设计并安排实训项目，共设计了4个实训项目模块，每个实训项目模块下设计了3～4个学习任务。通过这些学习任务，重点对学生进行计算机网页设计行业的基本技能、岗位核心技能的训练，并通过完成电子商务网站设计典型工作任务的一体化课程教学达到与计算机网络技术专业对应的计算机网页设计岗位的对接，实现"学习的内容是工作，通过工作实现学习"的工学结合课程理念，最终达到培养高素质技能人才的培养目标。

　　本书由我校计算机网络技术专业相关人员与金山软件、珠海用友公司等单位的行业企业专家共同开发、编写完成。全书由朱小远担任主编，何万里担任副主编，参加编写的人员有盘耀雄、郁其雄。全书由朱小远统稿，高小霞校长和郭雄艺副校长对本书进行了审稿与指导，何万里主任和曾德华主任等参加了审稿和指导工作。

　　由于时间仓促，编者水平有限，加之改革处于探索阶段，书中难免有不妥之处，敬请专家、同仁给予批评指正，为我们的后续改革和探索提供宝贵的意见和建议。

编者

# 目　　录

# 项目一

# 电子商务网站的 HTML 网页设计

## 学习任务 1　电子商务网站的界面设计

建议学时：___6___学时

**工作目标**

- 学习 HTML 超文本标记语言的语法结构。
- 学习 HTML 的常用标记。
- 学习使用记事本编写 HTML 标记。
- 学习用浏览器查看网页的注意事项。
- 学习使用 Dreamweaver CS5 设计网页。

**任务描述**

　　使用 HTML 超文本标记语言在记事本等工具软件中建立简单网页文件，能读懂 HTML的语法结构，初步了解浏览器的使用。

　　学会 Dreamweaver CS5 网页编辑软件的基本操作，了解软件工具属性的使用，学会利用 Dreamweaver CS5 制作网页及修改网页代码的方法。

- 教学活动 1　认识 HTML 语言
- 教学活动 2　使用 Dreamweaver CS5 设计网页

**任务实现**

**教学活动 1　认识 HTML 语言**

**【问题导向】**

- 引导问题 1：HTML 表示什么意思？请查阅相关教材资料。
- 引导问题 2：标记的类型包括哪些？
- 引导问题 3：写出 HTML 标记语言的基本格式。
- 引导问题 4：单标记与双标记有何不同？

**【操作指引】**

　　浏览电子商务网上花店网站页面，如图 1-1 所示。

　　◆ 步骤 1：通过记事本打开网站页面源代码，了解 HTML 标记语言的结构知识。

1

图 1-1 电子商务网上花店网站页面

静态网页的 HTML 标记文档结构：

```
<HTML>                              /* 网页文件声明开始
  <HEAD>                            /* 网页头部的开始声明
    <TITLE>网页标题</TITLE>          /* 网页开始
    </HEAD>                          /* 网页头部的结束声明
  <BODY>                            /* 网页主体语句部分的开始声明
  ……
      网页的主体部分
  ……
  </BODY>                           /*网页主体语句部分的结束声明
</HTML>                             /* 网页文件的结束声明
```

◆ 步骤 2：打开"记事本"程序，输入如图 1-2 的 HTML 超文本标记语言，保存网页文件为 index.html 后启动浏览器，看到如图 1-3 所示页面效果。浏览过程中，可随时点击"查看→源文件"，进行 HTML 源代码的修改，保存文件并刷新后即可更新网页。

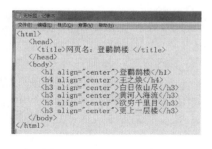

图 1-2 HTML 源代码

图 1-3 HTML 页面

**教学活动 2　使用 Dreamweaver CS5 设计网页**

**【问题导向】**

• 引导问题 1：Dreamweaver CS5 的功能是什么？

- 引导问题 2：如何切换 Dreamweaver CS5 的编辑窗口与代码设计窗口？
- 引导问题 3：如何在 Dreamweaver CS5 中建立站点？
- 引导问题 4：Dreamweaver CS5 的属性检查器包括哪几个部分？

【操作指引】

熟悉 Dreamweaver CS5 工作环境之后，制作电子商务网上花店子页，样例如图 1-4 所示。

图 1-4　网上花店子页

◆ 步骤 1：新建 HTML 网页文件，并建立网页站点如图 1-5 所示。

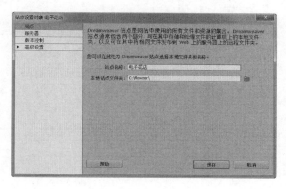

图 1-5　站点

◆ 步骤 2：制作网页上部结构，建立 1 行 3 列的表格，在第 1、第 3 单元格分别插入 logo.gif 和 bs.gif 图片，如图 1-6 所示。

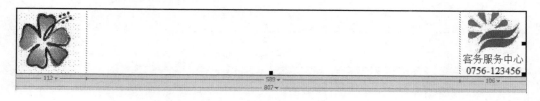

图 1-6　网页上部结构

◆ 步骤 3：在第 2 单元格处再插入一个 3 行 7 列的表格，表格整体位置底端对齐，插入 7 项导航菜单图片素材，效果如图 1－7 所示。

2012年4月27日
横琴分店
欢迎来到<旋律有限公司>
关于我们
询问处
客务服务中心
0756-123456

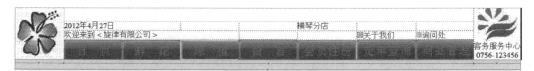

图 1－7　网页上部结构

◆ 步骤 4：制作网页中部结构，建立 1 行 3 列的表格，在第 1 行单元格处输入“招牌花 1”、“招牌花 2”、“招牌花 3”文本，在第 2 行单元格处，点击“插入→图像”菜单，插入相应的花朵图片，在表格属性检查器面板里调整单元格的背景色，各对象元素均居中水平对齐，如图1－8 所示。

招牌花 1
招牌花 2
招牌花 3

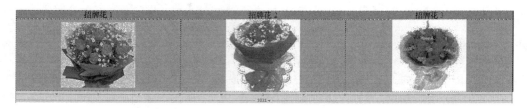

图 1－8　网页中部结构

◆ 步骤 5：制作网页底部结构，建立 3 行 1 列的表格，插入文本，如图 1－9 所示。

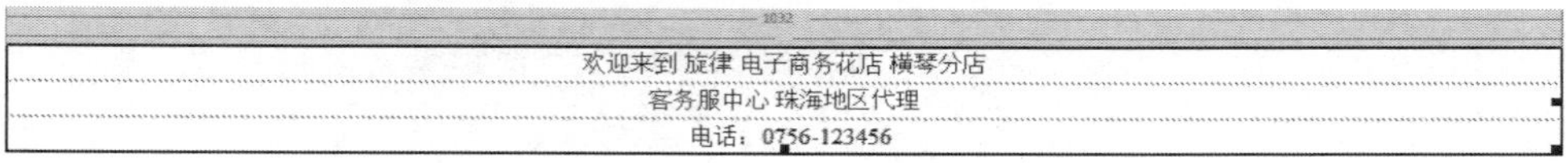

欢迎来到 旋律 电子商务花店 横琴分店
客务服中心 珠海地区代理
电话：0756-123456

图 1－9　网页底部结构

**表 1－1**　　　　　　　　**评价表**

| 评价内容 | 个人评价 | 小组评价 | 教师评价 |
| --- | --- | --- | --- |
| 1. 是否了解 HTML 标记 | | | |
| 2. Dreamweaver CS5 知识 | | | |
| 3. 站点建立 | | | |
| 4. 插入内容 | | | |
| 总体得分 | | | |
| 平均得分 | | | |

**表 1－2**　　　　　　　　**工作过程能力评价表**

| 评价内容 | 评分标准 | 得分原因 | 得分 |
| --- | --- | --- | --- |
| 1. 工作任务明确 | 每项加 5 分 | | |
| 2. 工作任务完成情况 | 每项加 5 分 | | |
| 3. 基本知识技能掌握情况 | 每项加 5 分 | | |

| 评价内容 | 评分标准 | 得分原因 | 得分 |
|---|---|---|---|
| 4. 钻研学习与创新能力 | 能独立解决问题或提出较好的见解，每项加 5 分 | | |
| 5. 工作计划设计能力 | 计划可行性好，每项加 5 分 | | |
| 6. 客户服务意识 | 体现客户服务意识，每项加 5 分 | | |
| 7. 团队合作精神 | 小组成员的参与度，每人次加 5 分 | | |
| 合　　计 | | | |

日期：_____年___月___日　　　　　　　　　　　评价人签名：_____

# 学习任务 2　制作电子商务网上花店的主页

建议学时：___6___学时

## 工作目标

- 学会在 Dreamweaver CS5 制作静态网页。
- 学会在 Dreamweaver CS5 中使用表格布局网页技术。
- 学会在 Dreamweaver CS5 中插入相关元素制作装饰网页。
- 学会在 Dreamweaver CS5 制作网页的交互技术。

## 任务描述

学会在 Dreamweaver CS5 中用表格布局网页格式，通过制作网页的固定模板格式，实现套用制作主页的各种对象元素，其中包括图像的链接查询、表单交互式查询、销售物品的列表查询等。

本次任务主要实现主页的顶部结构、中部结构、尾部结构三种格式文件的制作，从而给后续的功能子页制作提供保障，学会各功能页面的 HTML 代码的设计与修改。

- 教学活动 1　布局设计
- 教学活动 2　制作"电子花店"主页的顶部页面
- 教学活动 3　制作"电子花店"主页的主体部分
- 教学活动 4　制作"电子花店"主页的尾部结构

## 任务实现

**教学活动 1　布局设计**

【问题导向】

- 引导问题 1：网页布局技术分哪几种？
- 引导问题 2：在 Dreamweaver CS5 中常用的布局技术是什么？

- 引导问题 3：在 Dreamweaver CS5 中利用表格布局网页一般包括哪个部分？
- 引导问题 4：查阅资料，请写出利用 Dreamweaver CS5 样式布局网页的知识概要。

**【操作指引】**

◆ 步骤 1：打开 Dreamweaver CS5 后，点击"站点→新建站点"菜单，在如图 1-10 所示窗口中建立"电子花店"网站站点。

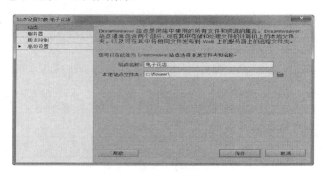

图 1-10　站点

◆ 步骤 2：利用表格方式，对电子商务网上花店主页进行布局设计，如图 1-11 所示。

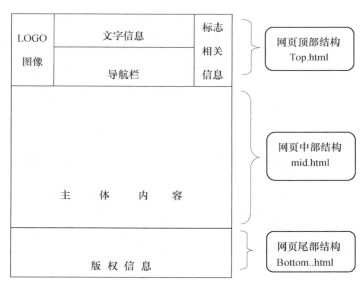

图 1-11　布局设计

**教学活动 2　制作"电子花店"主页的顶部页面**

**【问题导向】**

- 引导问题 1：如何插入表格？

6

- 引导问题 2：如何调整行列布局页面？
- 引导问题 3：如何插入媒体元素？
- 引导问题 4：如何利用<marquee>…</marquee>文字移动标记制作效果？

【操作指引】

◆ 步骤 1：在电子花店站点里新建一个空白网页文件，利用表格进行主页的上半部分的设计，新建 1 行 3 列的基本表格，规划布局主页上半部的大概结构，在第 1 单元格插入 logo. gif 图像，第 3 单元格插入 bs. gif 图像，在第 1 行第 2 列的单元格中，再嵌套一个 3 行 7 列的表格，分别插入导航菜单图片，具体操作方法可参考上一节，效果如图 1-12 所示。

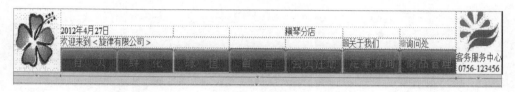

图 1-12 顶部结构

◆ 步骤 2：在主页顶部结构的下方，可通过 HTML 标记的应用，添加文字的循环左右移动效果，如图 1-13 所示。

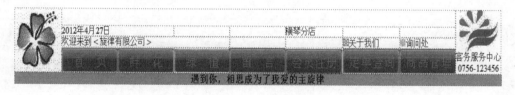

图 1-13 顶部结构

**教学活动 3 制作"电子花店"主页的主体部分**

【问题导向】

- 引导问题 1：如何插入表单操作？
- 引导问题 2：请查阅资料，补充学习表格布局技术。
- 引导问题 3：请查阅资料，学习网页布局后的色彩搭配技术。

【操作指引】

◆ 步骤 1：完成主页顶部结构后，利用表格进行布局网页主体的中间部分结构，如图 1-14 所示。

◆ 步骤 2：在第 1 单元格里，嵌套插入 16 行 4 列的表格，边框、单元格边距、单元格间距均为 0，制作电子花店主页中间结构左侧的"商品查询"列表效果，效果如图 1-15所示。

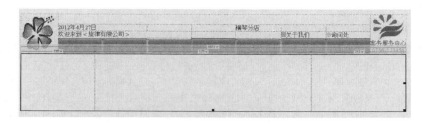

图 1-14　顶部结构

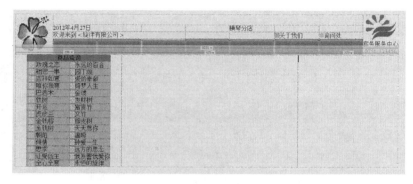

图 1-15　中间结构

◆ 步骤 3：在第 2 单元格里，嵌套插入 2 行 2 列的基本布局框架，分别在各个单元格里，嵌套一个 2 列 4 行的表格，进行二次布局，效果如图 1-16 所示。

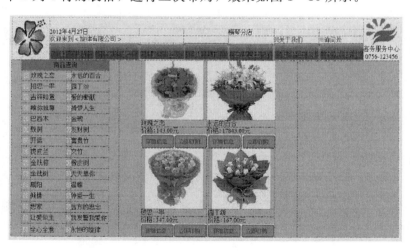

图 1-16　中间结构

◆ 步骤 4：在第 3 单元格里，嵌套插入 1 列 3 行的表格，进行二次布局，规划出用户登录区、商品查询区、热卖排行榜等内容，效果如图 1-17 所示。

◆ 步骤 5：插入 1 行 3 列的表格，制作网页中部的信息流动栏目，效果如图 1-18 所示。

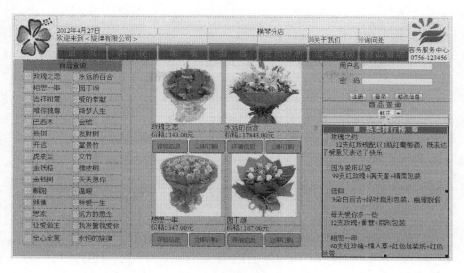

图 1-17　中间结构

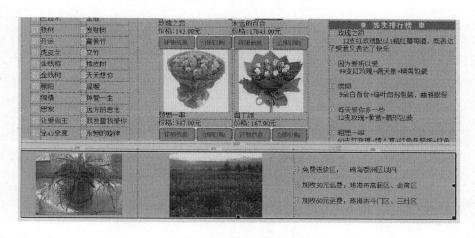

图 1-18　中间结构信息流动栏目

## 教学活动 4　制作"电子花店"主页的尾部结构

### 【问题导向】

- 引导问题 1：请查阅资料，补充学习网站页面布局技术及样式效果的应用。
- 引导问题 2：请查阅资料，补充学习网站设计的美工知识。
- 引导问题 3：请查阅资料，补充学习标记语言的应用。
- 引导问题 4：请查阅资料，补充学习插入表单知识。

### 【操作指引】

- ◆ 步骤 1：完成主页中间部分设计后，利用表格进行布局网页主体的尾部设计，点击菜单"插入→表格"，建立1列4行的表格，在1列4行的表格区中，将第1行进行单元格拆分，拆分成三个单元格，并在单元格中，单击"插入→图像"，插入图像如图1-19所示的效果。

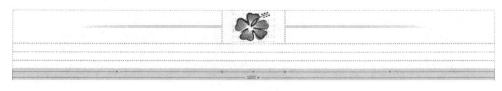

图1-19　尾部设计1

◆ 步骤2：在第2、3、4行，分别输入如图1-20所示文字说明效果。

版权所有 <旋律有限公司> 2012
咨询电话：0756-123456
客务服中心

图1-20　尾部设计2

## 考核评价

表1-3　　　　　　　　　　　　　　　评价表

| 评价内容 | 个人评价 | 小组评价 | 教师评价 |
|---|---|---|---|
| 1. 站点设计是否正确 | | | |
| 2. 页面布局是否合理 | | | |
| 3. 页面美工效果 | | | |
| 4. 页面链接情况 | | | |
| 5. 动态效果制作 | | | |
| 总体得分 | | | |
| 平均得分 | | | |

表1-4　　　　　　　　　　　　　工作过程能力评价表

| 评价内容 | 评分标准 | 得分原因 | 得分 |
|---|---|---|---|
| 1. 工作任务明确 | 每项加5分 | | |
| 2. 工作任务完成情况 | 每项加5分 | | |
| 3. 基本知识技能掌握情况 | 每项加5分 | | |
| 4. 钻研学习与创新能力 | 能独立解决问题或提出较好的见解，每项加5分 | | |
| 5. 工作计划设计能力 | 计划可行性好，每项加5分 | | |
| 6. 客户服务意识 | 体现客户服务意识，每项加5分 | | |
| 7. 团队合作精神 | 小组成员的参与度，每人次加5分 | | |
| 合　　计 | | | |

日期：_____年____月____日　　　　　　　　　　　　评价人签名：_____

10

# 学习任务3 制作网站的功能页面

建议学时：____6____学时

## 工作目标

- 学习制作鲜花销售页面。
- 学习制作绿植销售页面。
- 学习制作留言管理页面。
- 学习制作客户管理页面。
- 学习制作定单查询页面。
- 学习制作商品管理页面。

## 任务描述

电子商务网站的功能页面主要包括鲜花销售页面、绿植销售页面、留言管理页面、客户管理页面、定单查询页面、商品管理页面等部分。

为了便于管理和增强网页的可观性，我们可以将网站的各页面做一个比较规范的页面格式，页面的顶部结构，可直接套用 top. html；页面的尾部结构，可直接套用 bottom. html；页面的中间主体部分是随着不同功能而进行二次布局。

- 教学活动1 制作鲜花样品浏览页面
- 教学活动2 制作绿植样品浏览页面
- 教学活动3 制作客户管理页面
- 教学活动4 制作定单查询页面
- 教学活动5 制作商品管理页面
- 教学活动6 制作留言管理页面

## 任务实现

**教学活动1 制作鲜花样品浏览页面**

【问题导向】

- 引导问题1：请查阅相关教材资料，插入表格时应注意什么问题？
- 引导问题2：请查阅相关教材资料，学习插入多媒体元素的技术。

【操作指引】

◆ 步骤1：导入3-2mb. html 模板文档，在文档中间主体部分处，单击"插入→表格"，建立2行4列的表格，在建立的表格中单击第1单元格，单击"插入→表格"，建立5行1列的表格，规划出一种鲜花品种的样图位置、销售说明、提交设置等，如图1-21所示。

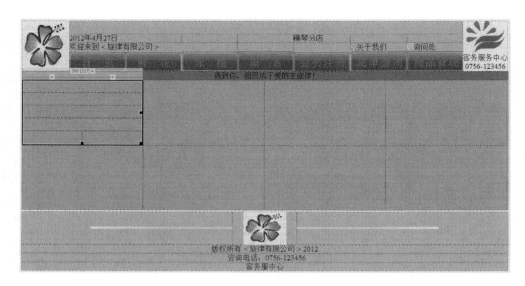

图 1-21　中间主体部分 1

◆ 步骤 2：第 1 行的单元格插入"玫瑰之恋"图像，第 2 行单元格插入"价格"，第 3 行单元格插入"会员价"，第 4 行单元格拆分成 1 行 2 列，并插入"详细信息"和"立即订购"图像，最后效果如图 1-22 所示。

图 1-22　中间主体部分 2

**教学活动 2　制作绿植样品浏览页面**

**【问题导向】**

- 引导问题 1：请查阅相关教材资料，学习有关网页模板应用的方法。
- 引导问题 2：请查阅相关教材资料，学习插入网上代码的方法。

**【操作指引】**

◆ 步骤 1：导入 3－2mb.html 模板文档，在文档中间主体部分处，单击"插入→表格"，建立 2 行 4 列的表格，在建立的表格中单击第 1 单元格，单击"插入→表格"，建立 5 行 1 列的表格，规划出一种鲜花品种的样图位置、销售说明、提交设置等。

◆ 步骤 2：第 1 行的单元格插入"巴西木"图像，第 2 行单元格插入"价格"，第 3 行单元格插入"会员价"，第 4 行单元格拆分成 1 行 2 列，插入"详细信息"和"立即订购"图像，最后效果如图 1－23 所示。

图 1－23　中间主体部分 3

**教学活动 3　制作客户管理页面**

**【问题导向】**

- 引导问题 1：请查阅相关教材资料，了解插入表格时应注意的问题。
- 引导问题 2：请查阅相关教材资料，学习插入多媒体元素的技术。

【操作指引】

◆ 步骤1：用表单方式制作电子商务网站的"客户登录信息入口"，如图1-24所示。

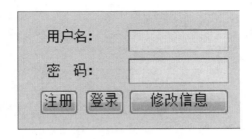

图1-24 客户登录信息入口

◆ 步骤2：新建空白文档，导入3-2mb.html模板文档，制作会员注册页面，在文档的中部，输入"会员注册"字样，单击"插入→表单"，用表单方式制作电子商务网站的"会员注册页面"，在表单框架内，单击"插入→表格"制作13行3列的表格，插入表单页面信息内容，如图1-25所示。

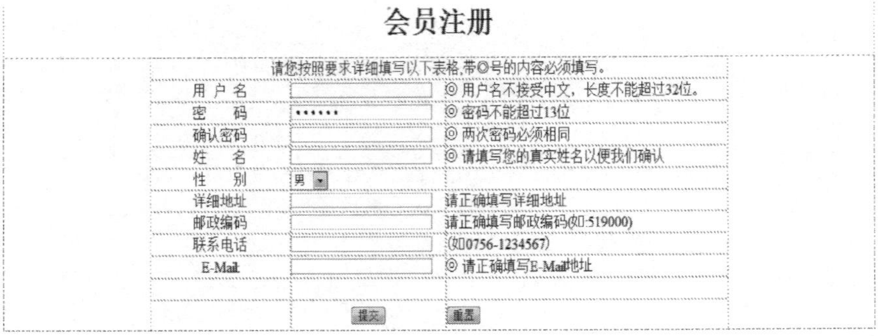

图1-25 会员注册

◆ 步骤3：在图1-24所示电子商务网站的"客户登录信息入口"，输入正确的会员信息后，单击"修改信息"按钮，即可修改会员的注册信息，如图1-26所示。

**教学活动4  制作定单查询页面**

【问题导向】

• 引导问题1：请查阅相关教材资料，学习特效代码的插入技术。
• 引导问题2：请查阅相关教材资料，学习应用网上免费代码的技术。

【操作指引】

设计以注册会员身份登录后进行商务网站的查询操作，如图1-27所示。

◆ 步骤：新建空白文档，导入3-2mb.html模板文档，制作注册会员的查询页面，

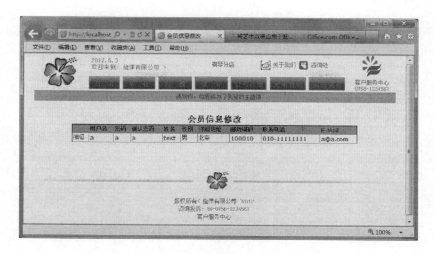

图 1-26 修改信息

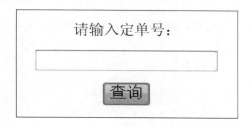

图 1-27 查询操作

在文档的中部，建立显示查询页面的商品名、商品编号、商品价格、会员优惠价、数量、合计数等信息的表格，如图 1-28 所示。

图 1-28 查询信息

## 教学活动 5　制作商品管理页面

### 【问题导向】

- 引导问题 1：请查阅相关教材资料，学习有关管理页面的制作技巧。
- 引导问题 2：请查阅相关教材资料，学习插入代码技术。

### 【操作指引】

◆ 步骤 1：新建空白文档，导入 3－2mb.html 模板文档，并在模板的主体部分，用表格制作商品管理的导航菜单，如图 1－29 所示。

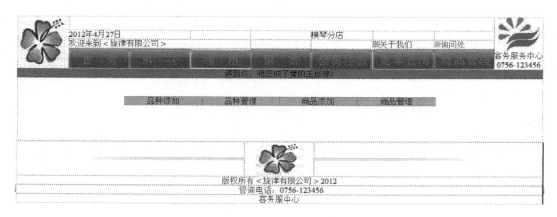

图 1－29　商品管理的导航

◆ 步骤 2：制作"品种添加"的链接页面效果，当单击时显示效果如图 1－30 所示。

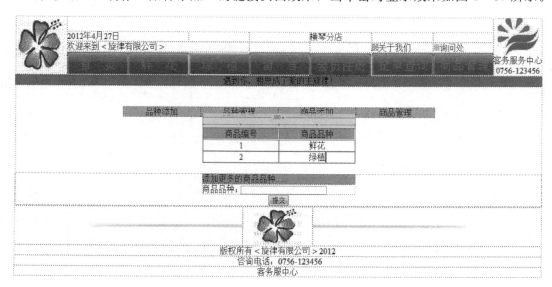

图 1－30　品种添加

16

◆ 步骤 3：制作"品种管理"的链接页面效果，当单击时显示效果如图 1－31 所示。

图 1－31　品种管理

◆ 步骤 4：制作"商品添加"的链接页面效果，当单击时显示效果如图 1－32 所示。

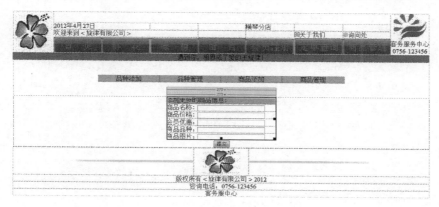

图 1－32　商品添加

◆ 步骤 5：制作"商品管理"的链接页面效果，当单击时显示效果如图 1－33 所示。

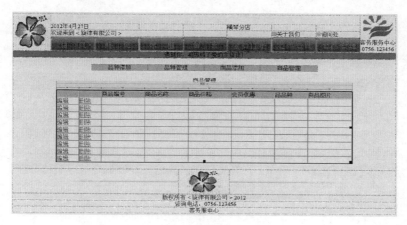

图 1－33　商品管理

**教学活动 6　制作留言管理页面**

**【问题导向】**

- 引导问题 1：请查阅相关教材资料，学习有关留言模板的制作技巧。
- 引导问题 2：请查阅相关教材资料，学习插入网上留言模板代码技术。

**【操作指引】**

◆ 步骤 1：新建空白文档，导入 3－2mb. html 模板文档，并在模板的主体部分制作留言板的发表留言区，如图 1－34 所示。

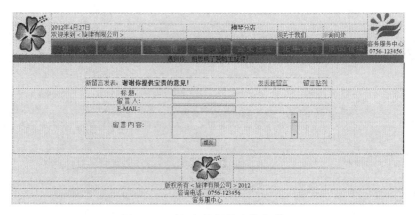

图 1－34　留言模板的主体部分 1

◆ 步骤 2：新建空白文档，导入 3－2mb. html 模板文档，并在模板的主体部分制作留言板的留言列表区，如图 1－35 所示。

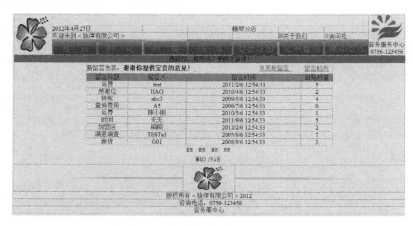

图 1－35　留言模板的主体部分 2

◆ 步骤 3：新建空白文档，导入 3－2mb. html 模板文档，并在模板的主体部分制作留言板的帖子信息列表区和回复帖子两部分，如图 1－36 所示。

图1-36 帖子信息列表区和回复帖子两部分

◆ 步骤4：用表单制作"回复帖子"区域，如图1-37所示。

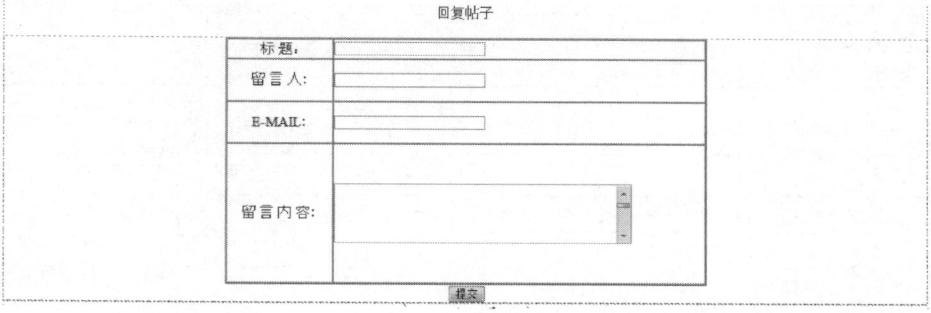

图1-37 回复帖子

◆ 步骤5：回复帖子页面制作的操作方法与前述相似，完成后浏览效果如图1-38所示。

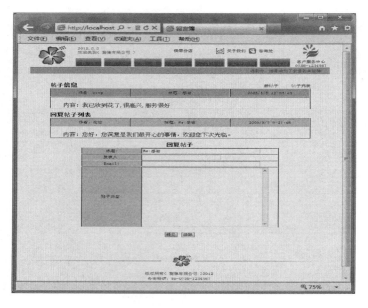

图 1-38　信息列表区和回复帖子

**考核评价**

表 1-5　　　　　　　　　　　　　　　　评价表

| 评价内容 | 个人评价 | 小组评价 | 教师评价 |
|---|---|---|---|
| 1. 功能页面布局技术 | | | |
| 2. 内容安排是否合理 | | | |
| 3. 页面美工效果 | | | |
| 4. 页面链接情况 | | | |
| 5. 动态效果制作 | | | |
| 总体得分 | | | |
| 平均得分 | | | |

表 1-6　　　　　　　　　　　　　　工作过程能力评价表

| 评价内容 | 评分标准 | 得分原因 | 得分 |
|---|---|---|---|
| 1. 工作任务明确 | 每项加 5 分 | | |
| 2. 工作任务完成情况 | 每项加 5 分 | | |
| 3. 基本知识技能掌握情况 | 每项加 5 分 | | |
| 4. 钻研学习与创新能力 | 能独立解决问题或提出较好的见解，每项加 5 分 | | |
| 5. 工作计划设计能力 | 计划可行性好，每项加 5 分 | | |
| 6. 客户服务意识 | 体现客户服务意识，每项加 5 分 | | |
| 7. 团队合作精神 | 小组成员的参与度，每人次加 5 分 | | |
| 合　　计 | | | |

日期：_____年____月____日　　　　　　　　　　　　评价人签名：_____

# 项目二
# 电子商务网站的数据库设计

## 学习任务 1　SQL Server 2005 的安装

建议学时：__4__ 学时

### 工作目标

- 学会安装 SQL Server 2005。
- 学会使用 SQL Server Management Studio。
- 学会使用 SQL Server Configuration Manager 配置工具。
- 学会将数据库正确连接到网站。

### 任务描述

学会安装 SQL Server 2005。了解 SQL Server 2005 的各个版本功能及其需要的软硬件配置，并保证它们正常运转。

- 教学活动 1　从光盘直接安装 SQL Server 2005
- 教学活动 2　学会使用 SQL Server Management Studio
- 教学活动 3　学会使用 SQL Server Configuration Manager 配置工具

### 任务实现

**教学活动 1　从光盘直接安装 SQL Server 2005**

【问题导向】

安装 SQL Server 2005 时有很多选项，在安装时应仔细考虑每一选项的含义。因此，在安装 SQL Server 2005 以前，先讨论一下这些选项：①排序规则；②SQL Server 2005 的命名实例和多实例；③服务账户；④验证模式。

- 引导问题 1：排序规则有 3 个，有何作用？一般选用 Windows 排序规则。
- 引导问题 2：SQL Server 2005 的命名实例是什么？一般情况下可以使用默认实例。
- 引导问题 3：SQL Server 2005 安装程序可安装多种服务账户，可以通过服务账户选项决定，一般可以选定内置系统账户。
- 引导问题 4：什么是验证模式？验证模式指的是安全方面的问题，每一个用户要使用 SQL Server 2005，都必须经过验证。Windows 身份验证模式和混合验证模式（Windows 身份验证和 SQL Server 2005 身份验证）有什么不同？一般选用 Windows 身份验证模式。

**【操作指引】**

◆ 步骤 1：将 SQL Server 2005 的安装光盘放入光驱中启动安装。
◆ 步骤 2：根据"安装向导"确定各种选项。
◆ 步骤 3：完成安装过程。

**教学活动 2 学会使用 SQL Server Management Studio**

**【问题导向】**

SQL Server 2005 提供了设计、开发、部署和管理关系数据库所需的工具，使用这些工具和程序可以设置 SQL Server，进行数据库管理和备份，并保证数据库的安全和一致。

引导问题：SQL Server Management Studio（SQL Server 管理平台）的使用。

**【操作指引】**

◆ 步骤 1：在"开始"菜单中运行 SQL Server Management Studio 连接到 SQL Server 服务器。

◆ 步骤 2：在对象资源管理器中，单击"数据库"前面的加号，打开"数据库"项，即可看到当前数据库服务器中包含的所有数据库。

◆ 步骤 3：使用脚本编辑器。

**教学活动 3 学会使用 SQL Server Configuration Manager 配置工具**

**【问题导向】**

SQL Server Management Studio（SQL Server 管理平台）是一个集成的环境，用于访问、配置和管理所有 SQL Server 组件。SQL Server Management Studio 组合了大量图形工具和丰富的脚本编辑器，供用户访问 SQL Server。SQL Server Management Studio 将包括以前版本的 SQL Server 中的企业管理器和查询分析器的各种功能。

• 引导问题 1：SQL Server Configuration Manager 集成了哪些工具？我们如何使用这些工具？

• 引导问题 2：服务器网络实用工具、客户端网络实用工具、服务管理器有何作用？

**【操作指引】**

◆ 步骤 1：打开"开始"菜单，依次选择"程序"→"Microsoft SQL Server 2005"→"配置工具"→"SQL Server Configuration Manager 选项"，打开 SQL Server Configuration Manager。

◆ 步骤 2：在左侧窗口中，选择"SQL Server 2005 服务"通过其中的"启动"、"停止"、"暂停"和"重新启动"等命令即可启动和停止相应的服务。

◆ 步骤 3：在左侧窗口中，选择"SQL Server 2005 的网络配置"，在右侧窗口中即可看到 SQL Server 2005 支持的网络协议，双击某个网络协议，即可打开该协议的属性对话框，用户可以通过该对话框对网络协议进行配置。

## 考核评价

表 2 - 1　　　　　　　　　　　　评价表

| 评价内容 | 个人评价 | 小组评价 | 教师评价 |
| --- | --- | --- | --- |
| 1. 会安装 SQL Server 2005 | | | |
| 2. 会使用 SQL Server Management Studio | | | |
| 3. 会使用脚本编辑器 | | | |
| 总体得分 | | | |
| 平均得分 | | | |

表 2 - 2　　　　　　　　工作过程能力评价表

| 评价内容 | 评分标准 | 得分原因 | 得分 |
| --- | --- | --- | --- |
| 1. 工作任务明确 | 每项加 5 分 | | |
| 2. 工作任务完成情况 | 每项加 5 分 | | |
| 3. 基本知识技能掌握情况 | 每项加 5 分 | | |
| 4. 钻研学习与创新能力 | 能独立解决问题或提出较好的见解，每项加 5 分 | | |
| 5. 工作计划设计能力 | 计划可行性好，每项加 5 分 | | |
| 6. 客户服务意识 | 体现客户服务意识，每项加 5 分 | | |
| 7. 团队合作精神 | 小组成员的参与度，每人次加 5 分 | | |
| 合　　计 | | | |

日期：＿＿＿＿年＿＿月＿＿日　　　　　　　　　　评价人签名：＿＿＿＿＿

# 学习任务 2　设计和操作数据库

建议学时：＿＿6＿＿学时

## 工作目标

- 学会 SQL Server 2005 数据库和表的结构、设计、创建。
- 学会使用 SQL Server 2005 提供的数据类型以及数据的插入、修改和删除操作。

## 任务描述

学会安装 SQL Server 2005。了解 SQL Server 2005 的各个版本功能及其需要的软硬件配置，并保证它们正常运转。

- 教学活动 1　学会设计数据库

- 教学活动 2　学会新建数据表
- 教学活动 3　删除数据表

**任务实现**

**教学活动 1　学会设计数据库**

**【问题导向】**

SQL Server 2005 数据库设计应包含两方面的内容：一是结构设计，也就是设计数据库框架或数据库结构；二是行为设计，即设计应用程序、事务处理等。

- 引导问题 1：常用的各种数据库设计方法有哪些？什么叫逻辑数据库设计和物理数据库设计？
- 引导问题 2：计算机辅助数据库设计方法的用法。

**【操作指引】**

◆ 步骤 1：直接在 SQL Server Management Studio 窗口中新建数据库。
◆ 步骤 2：在"数据库文件"栏中，可以设置文件的名称、位置及大小，确定各种选项。
◆ 步骤 3：完成设计过程。

**教学活动 2　学会新建数据表**

**【问题导向】**

数据表是用来存储数据和操作数据的逻辑结构。数据库中的所有数据都存储在表中，因此表是 SQL Server 2005 数据库最重要的组成部分。

- 引导问题：创建表及其对象之前，最好先规划并确定表的下列特征：
(1) 表要包含的数据的类型；
(2) 表中的列数、每一列中数据的类型和长度；
(3) 哪些列允许空值。

**【操作指引】**

◆ 步骤 1：在"开始"菜单中运行 SQL Server Management Studio 提供的图形界面创建表。
◆ 步骤 2：使用脚本编辑器，用 T－SQL 命令创建表。

**教学活动 3　删除数据表**

**【问题导向】**

有时需要删除数据表。如果数据库是单个的表，并且与其他表没有关联，则可以直接删除。

- 引导问题 1：要删除的表如果不在当前数据库中，则应在 table_name 中指明其所属的数据库和用户名。在删除一个表之前要先删除与此表相关联的表中的外部关键字约束。当删除表后，绑定的规则或者默认值会自动松绑。
- 引导问题 2：服务器网络实用工具、客户端网络实用工具、服务管理器有何作用？

## 【操作指引】

◆ 步骤 1：在 SQL Server 2005 管理平台中，展开指定的数据库和表，右击要删除的表，从弹出的快捷菜单中选择"删除"选项，则出现删去对象的对话框。

◆ 步骤 2：可以利用 DROP TABLE 语句删除一个表和表中的数据，及与表有关的所有索引、触发器、约束、许可对象。DROP TABLE 语句的语法形式如下：DROP TABLE table_name。

## 考核评价

表 2-3            评价表

| 评价内容 | 个人评价 | 小组评价 | 教师评价 |
|---|---|---|---|
| 1. 设计 SQL Server 2005 数据库 | | | |
| 2. 使用 SQL Server Management Studio 创建表，操作表 | | | |
| 3. 删除表操作 | | | |
| 总体得分 | | | |
| 平均得分 | | | |

表 2-4            工作过程能力评价表

| 评价内容 | 评分标准 | 得分原因 | 得分 |
|---|---|---|---|
| 1. 工作任务明确 | 每项加 5 分 | | |
| 2. 工作任务完成情况 | 每项加 5 分 | | |
| 3. 基本知识技能掌握情况 | 每项加 5 分 | | |
| 4. 钻研学习与创新能力 | 能独立解决问题或提出较好的见解，每项加 5 分 | | |
| 5. 工作计划设计能力 | 计划可行性好，每项加 5 分 | | |
| 6. 客户服务意识 | 体现客户服务意识，每项加 5 分 | | |
| 7. 团队合作精神 | 小组成员的参与度，每人次加 5 分 | | |
| 合　　计 | | | |

日期：_____ 年____ 月____ 日                 评价人签名：_____

# 学习任务3 数据库的维护、备份与恢复

建议学时：___6___学时

## 工作目标

- 学习维护、备份与恢复数据的操作方法。
- 学会修改数据库。
- 学会备份数据库。
- 学会恢复数据库。

## 任务描述

学会利用 SQL Server Management Studio 修改数据库、备份数据库、恢复数据库。
- 教学活动1 使用 SQL Server Management Studio 创建备份
- 教学活动2 恢复用户数据库

## 任务实现

**教学活动1 使用 SQL Server Management Studio 创建备份**

### 【问题导向】

在实际工作中，可能会遇到各种各样的故障，此时，备份和恢复数据库就显得非常重要。SQL Server 2005 提供了数据备份功能，通过备份可以在发生故障、错误，或者自然灾难时恢复数据，从而保护我们的数据。
- 引导问题1：如何进行备份呢？备份到哪里？为什么要创建备份设备？请查阅相关教材资料。
- 引导问题2：我们进行备份的步骤是什么？要达到什么目的、效果？主要的操作方法是什么？请大家将操作步骤写下来。
- 引导问题3：备份的方法有几种？最常用最简单的方法是通过 SQL Server Management Studio 集成管理窗口进行备份。

### 【操作指引】

◆ 步骤1：打开 SQL Server Management Studio 窗口，打开"服务器对象"文件夹。右击"备份设备"文件夹，在打开的快捷菜单中，选择"新建备份设备"命令，打开"备份设备"窗口，设置完成后，单击"确定"按钮，即可创建一个备份设备。

◆ 步骤2：通过 SQL Server Management Studio 来备份数据库。

◆ 步骤 3："选择备份目标"对话框，在此对话框中可以选择备份设备，或者设置一个文件名称来备份数据库。

**教学活动 2　恢复用户数据库**

【问题导向】

恢复数据库是一个装载数据库的备份，然后应用事务日志重建的过程。应用事务日志之后，数据库就会回到最后事务日志备份之前的状态。恢复数据库可以使用 SQL Server Management Studio，也可以使用 RESTORE 语句。

· 引导问题 1：如何使用 SQL Server Management Studio 恢复数据库？请查阅相关教材资料。

· 引导问题 2：恢复数据库有哪几个步骤，各有何作用？请大家将操作步骤写下来。

· 引导问题 3：为什么在还原数据库前，必须限制其他用户对数据库进行其他操作？请同学们分析其原因。

【操作指引】

◆ 步骤 1：打开 SQL Server Management Studio 窗口，打开"数据库"文件夹，右击要还原的数据库。

◆ 步骤 2：在需要数据库上右击鼠标，在弹出的快捷菜单中，依次选择"任务"→"还原"→"数据库"命令，打开"还原数据库"窗口。

◆ 步骤 3：在"还原的源"区域中，选择"源设备"单选按钮，然后单击其右侧的按钮，打开"指定备份"对话框。

考核评价

表 2-5　　　　　　　　　　　　　　　　评价表

| 评价内容 | 个人评价 | 小组评价 | 教师评价 |
|---|---|---|---|
| 1. 创建备份设备 | | | |
| 2. 进行备份数据库 | | | |
| 3. 恢复数据库 | | | |
| 总体得分 | | | |
| 平均得分 | | | |

表 2-6 工作过程能力评价表

| 评价内容 | 评分标准 | 得分原因 | 得分 |
|---|---|---|---|
| 1. 工作任务明确 | 每项加 5 分 | | |
| 2. 工作任务完成情况 | 每项加 5 分 | | |
| 3. 基本知识技能掌握情况 | 每项加 5 分 | | |
| 4. 钻研学习与创新能力 | 能独立解决问题或提出较好的见解，每项加 5 分 | | |
| 5. 工作计划设计能力 | 计划可行性好，每项加 5 分 | | |
| 6. 客户服务意识 | 体现客户服务意识，每项加 5 分 | | |
| 7. 团队合作精神 | 小组成员的参与度，每人次加 5 分 | | |
| 合　　计 | | | |

日期：_____年____月____日　　　　　　　　　　　　　　评价人签名：_____

# 学习任务 4　数据库与网站的连接

建议学时：___6___学时

## 工作目标

- 学习和理解 ASP、ASP. NET。
- 学会虚拟目录设置。
- 理解网站数据表的作用。

## 任务描述

ASP. NET 是微软推出的一种服务器端命令执行环境，它可以和 HTML 页面、脚本（包括 JavaScript 和 VBScript 脚本）程序与 ActiveX 组件建立或者执行动态的、交互式 Web 服务器应用程序。而且其提供的 ADO 组件和 ADO. NET 组件可以使用户能很方便地实现 Web 数据库的集成，完成数据库和网站的连接。

- 教学活动 1　学习理解 ASP 和 ASP. NET
- 教学活动 2　学会虚拟目录设置
- 教学活动 3　理解鲜花网站数据表的作用

## 任务实现

**教学活动 1　学习理解 ASP 和 ASP. NET**

**【问题导向】**

在实际工作中，使用 ASP 和 ASP. NET 进行 Web 数据库集成，当客户端请求包含 ASP 和 ASP. NET 文件时，Web 服务器将 ASP 和 ASP. NET 文件中对数据库的操作通过

OLE DB 发送给数据库服务器。在数据库处理完毕后，将结果通过 OLE DB 传送给 Web 服务器，Web 服务器以 HTML 的形式生成结果并回传给客户端浏览器。

- 引导问题1：ASP 和 ASP. NET 集成 Web 数据库的工作流程是怎样的？请查阅相关教材资料。
- 引导问题2：鲜花网站数据表有几张，各有什么作用？请同学们分析说明。

## 【操作指引】

◆ 步骤：见教材相关任务。

### 教学活动2　学会虚拟目录设置

## 【问题导向】

要正确执行 ASP 和 ASP. NET 文件，需要将其放在虚拟目录中，然后在浏览器中输入文件的 URL 来请求文件。ASP 和 ASP. NET 文件必须接受 IIS 的处理。

- 引导问题：如何设置虚拟目录？浏览器操作步骤是什么，主要的操作方法是什么？请大家将操作步骤写下来。

## 【操作指引】

◆ 步骤1：在"控制面板"窗口中，执行"管理工具"→"Internet 信息服务"命令，打开"Internet 信息服务"窗口。

◆ 步骤2：在"默认网站"上右击鼠标，执行"属性"命令，打开"默认网站属性"对话框。在此对话框中可以设置网站的主目录、IP 地址及其端口等属性。

◆ 步骤3：在"默认网站"上右击鼠标，执行"新建"子菜单中的"虚拟目录"命令，根据向导提示输入虚拟目录对应的物理目录并设置权限。

### 教学活动3　理解鲜花网站数据表的作用

## 【问题导向】

- 引导问题：鲜花网站数据表有几张，各有什么作用？请同学们分析说明。

## 【操作指引】

◆ 步骤：请同学们自己分析数据表结构，并写出分析报告。

**考核评价**

表 2 - 7 　　　　　　　　　　评价表

| 评价内容 | 个人评价 | 小组评价 | 教师评价 |
|---|---|---|---|
| 1. 虚拟目录设置 | | | |
| 2. 鲜花网站数据表分析理解 | | | |
| 总体得分 | | | |
| 平均得分 | | | |

表 2 - 8 　　　　　　　　工作过程能力评价表

| 评价内容 | 评分标准 | 得分原因 | 得分 |
|---|---|---|---|
| 1. 工作任务明确 | 每项加 5 分 | | |
| 2. 工作任务完成情况 | 每项加 5 分 | | |
| 3. 基本知识技能掌握情况 | 每项加 5 分 | | |
| 4. 钻研学习与创新能力 | 能独立解决问题或提出较好的见解，每项加 5 分 | | |
| 5. 工作计划设计能力 | 计划可行性好，每项加 5 分 | | |
| 6. 客户服务意识 | 体现客户服务意识，每项加 5 分 | | |
| 7. 团队合作精神 | 小组成员的参与度，每人次加 5 分 | | |
| 合　　计 | | | |

日期：＿＿＿＿年＿＿月＿＿日　　　　　　　　　　　　　评价人签名：＿＿＿＿＿

# 项目三

## 电子商务网站的动态网页设计

### 学习任务 1　使用 Visual Studio 2008 开发工具

建议学时：____6____学时

**工作目标**

- 熟悉 Visual Studio 2008 开发工具的运行界面。
- 学会创建 ASP. NET Web 应用程序。
- 学会在 Web. config 中连接一个数据库。
- 学会在 Web. config 中设置不同子目录下应用程序的数据库连接。

**任务描述**

　　学会创建简单的 ASP. NET 应用程序实例，并熟悉 Visual Studio 2008 中窗口的使用和操作方法。学会在系统提供的配置文件 Web. config 中对该应用程序进行配置。Web. config 文件是一个 XML 文本文件，主要功能是储存 ASP. NET Web 应用程序的配置信息。

- 教学活动 1　创建简单的 ASP. NET 应用程序
- 教学活动 2　在 Web. config 中进行一个数据库连接的设置
- 教学活动 3　设置不同子目录下应用程序的数据库连接

**任务实现**

**教学活动 1　创建简单的 ASP. NET 应用程序**

**【问题导向】**

- 引导问题 1：是否需要安装 IIS 进行应用程序的调试？
- 引导问题 2：Visual Studio 2008 的工具箱主要包括什么控件？

**【操作指引】**

　　◆ 步骤 1：打开 Visual Studio 2008 应用程序，主界面如图 3 - 1 所示。
　　◆ 步骤 2：单击菜单栏上的"文件"按钮，选择"新建项目"按钮创建 ASP. NET Web 应用程序，如图 3 - 2 所示。
　　◆ 步骤 3：选择"ASP. NET Web 应用程序"选项，单击"确定"就能够创建一个

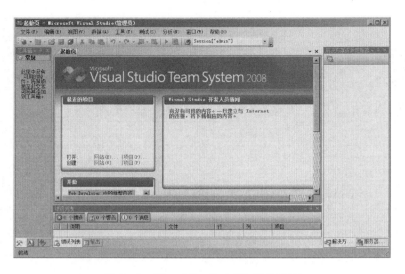

图 3 - 1　Visual Studio 2008 初始界面

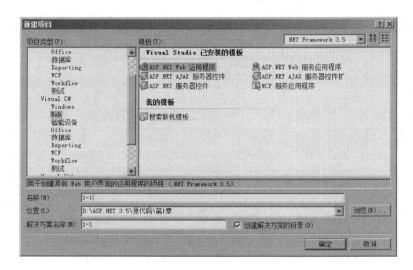

图 3 - 2　创建 ASP. NET Web 应用程序

最基本的 ASP. NET Web 应用程序。

　　◆ 步骤 4：在完成应用程序的开发后，可以运行应用程序，单击"调试"按钮或选择"启动调试"按钮就能够调试 ASP. NET Web 应用程序。

　　调试应用程序的快捷键为"F5"，开发人员也可以单击"F5"进行应用程序的调试，调试前 Visual Studio 2008 会选择是否启用 Web. config 进行调试，默认选择使用即可，如图 3 - 3 所示。选择"修改 Web. config 文件以启动调试"进行应用程序的运行。在 Visual Studio 2008 中包含虚拟服务器，所以开发人员可以无须安装 IIS 进行应用程序的调试。

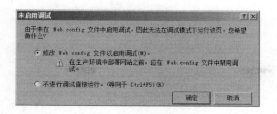

图 3-3  启用调试配置

**教学活动 2  在 Web. config 中进行一个数据库连接的设置**

【问题导向】

· 引导问题 1：在 Web. config 设置数据库连接过程中，应考虑什么问题？
· 引导问题 2：如何设置修改程序中连接数据库的语句？

【操作指引】

◆ 步骤 1：在 Visual Studio 2008 的工具栏中单击 "新建" → "文件" → "Web 配置文件" 进入 Web 配置文件的生成界面，如图 3-4 所示。

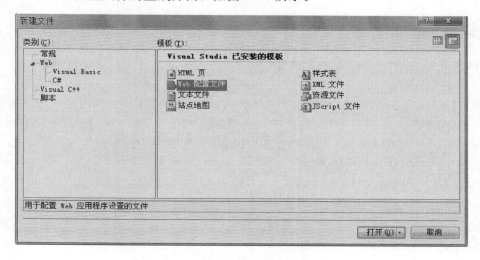

图 3-4  Web 配置文件的生成界面

◆ 步骤 2：打开 Web 配置文件，看到 Web 配置文件的架构如下。

＜? xml version＝"1.0" encoding＝"gb2312" ? ＞
＜configuration＞
  ＜system. web＞
    ＜compilation debug＝"true"/＞
    ＜customErrors mode＝"Off"/＞
    ＜globalization requestEncoding＝"gb2312" responseEncoding＝"gb2312" /＞

```
        </system. web>
    </configuration>
```

◆ 步骤 3：在 Web. config 中的＜configuration＞后加入以下代码即完成 Web. config 文件对数据库连接的设置。

```
<appSettings>
<add key="ConnectionString" value="uid＝sa;password＝;database＝flowershop;server＝(local)"/>
</appSettings>
```

◆ 步骤 4：在其他页面程序中，可以使用以下代码来调用 Web. config 文件的数据库连接语句。

```
using system. configuration;
string examplestring;
examplestring＝configurationsettings. appsettings["ConnectionString"];
```

**教学活动 3　设置不同子目录下应用程序的数据库连接**

【问题导向】

• 引导问题：在 Web. config 设置数据库连接过程中，如何使用 location 标记？

【操作指引】

◆ 步骤 1：设置不同子目录下应用程序的数据库连接。在一个虚拟目录下有多个子目录，每一个子目录下的 Web 应用程序都需要连接不同的数据库。

◆ 步骤 2：在虚拟目录下设置 Web. config，在其中使用 location 标记，使用同一个 key 值来连接数据库。这样做的好处很明显，因为用同一个 key 值，将导致在所有目录下的应用程序中，都可以使用共同的语句来连接数据库，这在程序以后发生位置迁移时，并不用修改程序中连接数据库的语句。

◆ 步骤 3：具体设置如下。

```
<location path="flowershop1">
<appsettings>
<add key="ConnectionString" value="uid＝sa;password＝;database＝flowershop1;server＝(local)"/>
</appsettings>
</location>
<location path="flowershop2">
<appsettings>
<add key="ConnectionString" value="uid＝sa;password＝;database＝flowershop2;server＝(local)"/>
</appsettings>
</location>
<location path="flowershop3">
<appsettings>
<add key="ConnectionString" value="uid＝sa;password＝;database＝flowershop3;server＝(local)"/>
```

```
</appsettings>
</location>
```

在上面的程序中，flowershop1、flowershop2、flowershop3 分别是虚拟目录下的子目录。

## ■ 考核评价

表 3 - 1                                  评价表

| 评价内容 | 个人评价 | 小组评价 | 教师评价 |
|---|---|---|---|
| 1. 项目程序的新建 | | | |
| 2. 项目程序的调试 | | | |
| 3. 在 Web. config 中进行单个数据库连接的设置 | | | |
| 4. 设置不同子目录下应用程序的数据库连接 | | | |
| 5. 在 Web. config 设置数据库连接过程中使用 location 标记 | | | |
| 总体得分 | | | |
| 平均得分 | | | |

表 3 - 2                          工作过程能力评价表

| 评价内容 | 评分标准 | 得分原因 | 得分 |
|---|---|---|---|
| 1. 工作任务明确 | 每项加 5 分 | | |
| 2. 工作任务完成情况 | 每项加 5 分 | | |
| 3. 基本知识技能掌握情况 | 每项加 5 分 | | |
| 4. 钻研学习与创新能力 | 能独立解决问题或提出较好的见解，每项加 5 分 | | |
| 5. 工作计划设计能力 | 计划可行性好，每项加 5 分 | | |
| 6. 客户服务意识 | 体现客户服务意识，每项加 5 分 | | |
| 7. 团队合作精神 | 小组成员的参与度，每人次加 5 分 | | |
| 合　　计 | | | |

日期：_____ 年 ___ 月 ___ 日                           评价人签名：_____

# 学习任务 2  客户管理模块设计

建议学时：＿＿6＿＿学时

## 工作目标

- 学会使用 Connection 类和 DataReader 类设计程序代码。
- 掌握 SQL 常用操作语句 INSERT 的使用。

## 任务描述

学会在花店网站的客户管理模块中，实现会员登录和会员注册的功能。
- 教学活动 1  设计会员登录页面
- 教学活动 2  设计会员注册页面

### 教学活动 1  设计会员登录页面

**【问题导向】**

- 引导问题 1：ADO. NET 数据访问技术的 Connection 类和 Command 类分别具有什么功能？
- 引导问题 2：使用 DataReader 类能够对特定数据源实现什么功能？

**【操作指引】**

◆ 步骤 1：设计页面 index. aspx，会员登录页面是包含在首页 index. aspx 中的。在会员登录页面上输入自己的用户名和密码，登录程序会对照 flowershop 数据库中的客户表 users，检验用户名是否存在，如果用户名存在，则进入相应功能页面，否则进入提示错误页面。主要生成两个 TextBox 控件和三个 Button 控件，如图 3－5 所示。

图 3－5  用户登录界面

◆ 步骤 2：设计 Login _ Click 函数，该函数在"用户名"和"密码"文本框输入相应信息，然后点击"登录"按钮时执行。通过以下程序代码实现。

```
public void Login_Click(Object sender, EventArgs E)
{
    MyConnection＝new SqlConnection(myCnn);
    MyConnection. Open();
```

```
SqlCommand MyCommand;
String ConnStr;
if((username. Text=="" | password. Text==""))
{
        Response. Redirect("index. aspx");
}
else
{
ConnStr=" select * from users where username=' " + username. Text + " ' AND password=' " + pass-
word. Text+"";
MyCommand=new SqlCommand(ConnStr,MyConnection);
SqlDataReader MyReader;
MyReader=MyCommand. ExecuteReader();
try{
if(MyReader. Read())
{
        Response. Redirect("ordercheck. aspx");
}
else
{
        Response. Redirect("pwderror. aspx");
}
}
finally
{
        MyReader. Close();
        MyConnection. Close();
}
username. Text="";
}
}
```

**教学活动 2　设计会员注册页面**

【问题导向】

- 引导问题 1：SQL 数据库的 INSERT 语句应如何使用？
- 引导问题 2：会员注册页面的"重填"按钮具有什么功能？

【操作指引】

◆ 步骤 1：设计页面 reg. aspx。会员注册页面包含在 reg. aspx 中，该页面主要提供
会员注册的表单，客户可以输入自己的详细会员信息，提交给 flowershop 数据库中的客
户表 users，如图 3 - 6 所示。

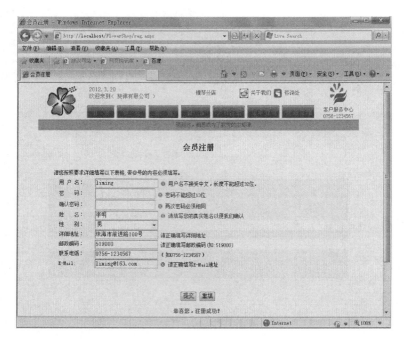

图 3 - 6　会员注册页面

◆ 步骤 2：在页面的主体部分定义 8 个 TextBox 控件，分别用于输入客户用户名、输入会员密码、确认密码、姓名、详细地址、邮政编码、联系电话和 E－Mail。定义了一个 DropDownList 控件来实现会员的性别输入。

◆ 步骤 3：设计 Renew ＿ Click 函数，实现以下功能。当客户填错会员信息，需要重新填写时，单击"重填"按钮。重填按钮也用一个 Button 控件实现，通过以下程序代码实现。

```
public void Renew_Click(Object sender，EventArgs E)
{
Response. Redirect("reg. aspx")；
}
```

◆ 步骤 4：设计 Register ＿ Click 函数，实现以下功能。当客户填完自己的详细信息后，向 Web 服务器提交表单时，单击"提交"按钮。提交按钮由一个 Button 控件实现，通过以下程序代码实现。

```
public void Register_Click(Object sender，EventArgs E)
{
    if(username. Text！＝"")
    {
        Session["username"]＝username. Text；
        Session["password"]＝password1. Text；
    }
    if(username. Text＝＝"" ｜ password1. Text＝＝"" ｜ password2. Text＝＝"" ｜ myname. Text＝＝"" ｜
```

38

```
email. Text=="")
        {
            Message. InnerHtml="请填写完整的信息!";
            Message. Style["color"]="red";
        }
        else
        {
            string myCnn=ConfigurationSettings. AppSettings["ConnectionString"];
            SqlConnection MyConnection;
            MyConnection=new SqlConnection(myCnn);
            String ConnStr="select * from users where username='" + username. Text + "'";
            SqlCommand MyCommand=new SqlCommand(ConnStr,MyConnection);
            MyCommand. Connection. Open();
            SqlDataReader MyReader;
            MyReader=MyCommand. ExecuteReader();
            if(MyReader. Read())
            {
                Message. InnerHtml="<b>对不起,该用户名已经被注册,请单击重填按钮! </b>";
                Message. Style["color"]="red";
            }
            else
            {
            if(password1. Text! =password2. Text)
            {
            Message. InnerHtml="<b>对不起,两次输入的密码不一致! </b>";
            Message. Style["color"]="red";
            }
            else
            {
            MyCommand. Connection. Close();
            String CnStr="insert into users(username,password,password2,myname,sex,address,zip,phone,email) val-
ues (@username,@password,@password2,@myname,@sex,@address,@zip,@phone,@email)";
            SqlCommand Comm=new SqlCommand(CnStr,MyConnection);
            Comm. Connection. Open();
            Comm. Parameters. Add(new SqlParameter("@username",SqlDbType. Char));
            Comm. Parameters["@username"]. Value=username. Text;
            Comm. Parameters. Add(new SqlParameter("@password",SqlDbType. Char));
            Comm. Parameters["@password"]. Value=password1. Text;
            Comm. Parameters. Add(new SqlParameter("@password2",SqlDbType. Char));
            Comm. Parameters["@password2"]. Value=password2. Text;
            Comm. Parameters. Add(new SqlParameter("@myname",SqlDbType. Char));
            Comm. Parameters["@myname"]. Value=myname. Text;
            Comm. Parameters. Add(new SqlParameter("@sex",SqlDbType. Char));
            Comm. Parameters["@sex"]. Value=DropDownList1. SelectedItem. Value;
```

```
Comm. Parameters. Add(new SqlParameter("@address",SqlDbType. Char));
Comm. Parameters["@address"]. Value＝address. Text；
Comm. Parameters. Add(new SqlParameter("@zip",SqlDbType. Char));
Comm. Parameters["@zip"]. Value＝zip. Text；
Comm. Parameters. Add(new SqlParameter("@phone",SqlDbType. Char));
Comm. Parameters["@phone"]. Value＝phone. Text；
Comm. Parameters. Add(new SqlParameter("@email",SqlDbType. Char));
Comm. Parameters["@email"]. Value＝email. Text；
try
{
    Comm. ExecuteNonQuery();
    Message. InnerHtml＝"<b>恭喜您,注册成功！</b>";
    Message. Style["color"]＝"red";
}
catch (SqlException)
{
    Message. InnerHtml＝"注册失败,请重新注册!";
    Message. Style["color"]＝"red";
}
Comm. Connection. Close();
    }
      }
        }
}
```

### 考核评价

表 3－3                                           评价表

| 评价内容 | 个人评价 | 小组评价 | 教师评价 |
|---|---|---|---|
| 1. 会员登录页面的设计 | | | |
| 2. 使用 Connection 类和 DataReader 类设计程序代码 | | | |
| 3. 会员注册页面的设计 | | | |
| 4. 使用 SQL 常用操作语句 INSERT 操作 | | | |
| 总体得分 | | | |
| 平均得分 | | | |

表 3 - 4　　　　　　　　　　　工作过程能力评价表

| 评价内容 | 评分标准 | 得分原因 | 得分 |
|---|---|---|---|
| 1. 工作任务明确 | 每项加 5 分 | | |
| 2. 工作任务完成情况 | 每项加 5 分 | | |
| 3. 基本知识技能掌握情况 | 每项加 5 分 | | |
| 4. 钻研学习与创新能力 | 能独立解决问题或提出较好的见解，每项加 5 分 | | |
| 5. 工作计划设计能力 | 计划可行性好，每项加 5 分 | | |
| 6. 客户服务意识 | 体现客户服务意识，每项加 5 分 | | |
| 7. 团队合作精神 | 小组成员的参与度，每人次加 5 分 | | |
| 合　　计 | | | |

日期：_____年____月____日　　　　　　　　　　　评价人签名：_____

# 学习任务 3　商品管理模块设计

建议学时：　6　学时

## 工作目标

- 学会使用 Session 类设计程序代码。
- 学会使用 DataList 控件和 GridView 控件设计页面效果。

## 任务描述

在花店网站的商品管理模块中，设计完成后台管理页面，该页面只有管理员才有权限登录。最后就是对"鲜花"和"绿植"商品浏览页面的功能实现。
- 教学活动 1　设计后台管理页面
- 教学活动 2　设计商品浏览页面

## 任务实现

### 教学活动 1　设计后台管理页面

### 【问题导向】

- 引导问题 1：后台管理页面主要包括实现什么功能的控件？
- 引导问题 2：会话状态 Session 类具有什么功能？

### 【操作指引】

◆ 步骤 1：设计页面 login. aspx，管理员登录的页面文件为 login. aspx。只有花店网站的管理员才能对网站后台的商品进行管理，一般用户是无法进入网站后台的。所以，需要在 login. aspx 所形成的页面中输入管理员的用户名和密码。我们创建两个 TextBox 控件和一个 Button 控件，如图 3 -7 所示。

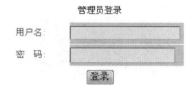

图 3 - 7 管理员登录页面

◆ 步骤 2：设计 Login _ Click 函数，通过 Login _ Click 函数实现"登录"按钮功能。通过以下程序代码实现。

```
public void Login_Click(Object sender, EventArgs E)
{
    if(Adminusername. Text! ="")
    {
        Session["Adminname"] = Adminusername. Text;
    }

    string myCnn=ConfigurationSettings. AppSettings["ConnectionString"];
    SqlConnection MyConnection;
    MyConnection=new SqlConnection(myCnn);
    MyConnection. Open();
    SqlCommand MyCommand;
    String ConnStr;
    if((Adminusername. Text=="" | Adminpassword. Text==""))
    {
        Label1. Text="用户名和密码不能为空!";
    }
    else
    {
    ConnStr="select * from Admin where Admin_username='" + Adminusername. Text + "' AND Admin_password='" + Adminpassword. Text+"'";
    MyCommand=new SqlCommand(ConnStr,MyConnection);
    SqlDataReader MyReader;
    MyReader=MyCommand. ExecuteReader();
    try{
    if(MyReader. Read())
    {
        Response. Redirect("admin. aspx");}
        else
```

```
            {
                Response. Redirect("login. aspx");
            }
        }
        finally
        {
            MyReader. Close();
            MyConnection. Close();
        }
            Adminusername. Text="";
        }
    }
```

◆ 步骤 3：设计页面 admin. aspx。进入 admin. aspx 所形成的后台管理页面，如图 3-8所示。

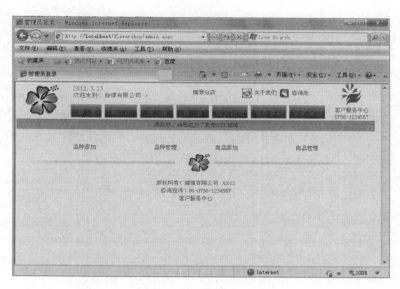

图 3-8　后台管理页面

◆ 步骤 4：设计 Page _ Load 函数。进入 admin. aspx 后，将触发 Page _ Load 事件。

```
void Page_Load(Object Sender，EventArgs E)
{
    string Adminusername=Convert. ToString(Session["Adminusername"]);
    if(Adminusername=="")
    {
        Response. Redirect("login. aspx");
    }
}
```

**教学活动 2　设计商品浏览页面**

**【问题导向】**

- 引导问题 1：商品浏览页面应使用什么控件实现翻页功能？
- 引导问题 2：商品浏览页面的 DataList 控件具有什么功能？

**【操作指引】**

◆ 步骤 1：设计页面 flwlist.aspx。点击首页"鲜花"按钮进入页面 flwlist.aspx 购物，点击首页"绿植"按钮进入页面 treelist.aspx 购物。treelist.aspx 与 flwlist.aspx 程序结构相似，现在以 flwlist.aspx 为例进行讲解。页面效果如图 3-9 所示。

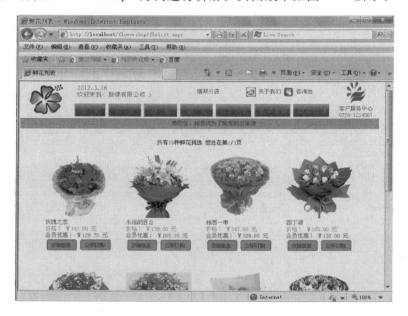

图 3-9　"鲜花"浏览页面

◆ 步骤 2：设计 Page_Load 函数，实现以下功能：统计商品数量和需要显示的页面数量。

```
int PageSize,RecordCount,PageCount,CurrentPage;
public void Page_Load(Object Sender, EventArgs E)
{
//设定 PageSize
PageSize=8;

    //第一次请求执行
    if(! Page.IsPostBack)
    {
```

```
    ListBind();
    CurrentPage = 0;
    ViewState["PageIndex"] = 0;
    //计算总共有多少记录
    RecordCount = CalculateRecord();
    lblRecordCount. Text = RecordCount. ToString();

    //计算总共有多少页
    PageCount=RecordCount/PageSize+1;
    lblPageCount. Text = PageCount. ToString();
    ViewState["PageCount"] = PageCount;
    }
}
```

◆ 步骤 3：设计 CalculateRecord 函数，实现以下功能：计算总共有多少条商品记录。

```
public int CalculateRecord()
{
int intCount;
string Conn=ConfigurationSettings. AppSettings["ConnectionString"];
SqlConnection MyConn;
MyConn=new SqlConnection(Conn);
MyConn. Open();
string strCount = "select count( * ) as cols from products where p_typeid=1";
//Response. Write(strCount);
SqlCommand MyComm = new SqlCommand(strCount,MyConn);

SqlDataReader dr = MyComm. ExecuteReader();
if(dr. Read())
{
intCount = Int32. Parse(dr["cols"]. ToString());
}
else
{
intCount = 0;
}
dr. Close();
MyConn. Close();
return intCount;
}
```

◆ 步骤 4：设计 CreateSource 函数，实现设置页面跳转的功能。

```
ICollection CreateSource()
{
```

```
int StartIndex；

//设定导入的起终地址
StartIndex ＝ CurrentPage * PageSize；
string Conn＝ConfigurationSettings. AppSettings["ConnectionString"];
SqlConnection MyConn；
MyConn＝new SqlConnection(Conn)；
MyConn. Open()；
string strSel = "select * from products where p_typeid=1";
DataSet ds = new DataSet()；

SqlDataAdapter MyAdapter = new SqlDataAdapter(strSel,MyConn)；
MyAdapter. Fill(ds,StartIndex,PageSize,"products")；

return ds. Tables["products"]. DefaultView；
MyConn. Close()；
}
```

## 考核评价

**表 3 - 5**                                          **评价表**

| 评价内容 | 个人评价 | 小组评价 | 教师评价 |
|---|---|---|---|
| 1. 后台管理页面的设计 | | | |
| 2. 使用 Session 类设计程序代码 | | | |
| 3. 商品浏览页面的设计 | | | |
| 4. 使用 DataList 控件和 GridView 控件设计页面效果 | | | |
| 总体得分 | | | |
| 平均得分 | | | |

**表 3 - 6**                              **工作过程能力评价表**

| 评价内容 | 评分标准 | 得分原因 | 得分 |
|---|---|---|---|
| 1. 工作任务明确 | 每项加 5 分 | | |
| 2. 工作任务完成情况 | 每项加 5 分 | | |
| 3. 基本知识技能掌握情况 | 每项加 5 分 | | |
| 4. 钻研学习与创新能力 | 能独立解决问题或提出较好的见解，每项加 5 分 | | |
| 5. 工作计划设计能力 | 计划可行性好，每项加 5 分 | | |
| 6. 客户服务意识 | 体现客户服务意识，每项加 5 分 | | |
| 7. 团队合作精神 | 小组成员的参与度，每人次加 5 分 | | |
| 合　　计 | | | |

日期：_____年____月____日                                    评价人签名：_____

# 学习任务 4　定单管理模块设计

建议学时：__6__学时

## 🗂 工作目标

- 学会使用 DataRow 控件设计程序代码。
- 学会使用 DataTable 控件设计页面效果。

## 📋 任务描述

学会在花店网站的定单管理模块中，实现定购商品和对定单信息统计的功能。
- 教学活动 1　设计定购商品页面
- 教学活动 2　设计定单统计页面

## 👥 任务实现

### 教学活动 1　设计定购商品页面

### 【问题导向】

- 引导问题 1：定购商品页面主要使用的 DataRow 控件具有什么功能？
- 引导问题 2：如何设置定购商品的结账界面跳转功能？

### 【操作指引】

◆ 步骤 1：设计页面 pay. aspx，定购商品的页面文件为 pay. aspx。会员在登录后，首先确定自己想要购买的商品，然后在相应的商品上，单击"购买"按钮，进入结账界面，如图 3 - 10 所示。

◆ 步骤 2：设计 Page _ Load 函数，进入 pay. aspx 后，将触发 Page _ Load 事件。

```
public void Page_Load(Object Sender, EventArgs E)
{
    string username=Convert. ToString(Session["username"]);
    if(username=="")
    {
        Response. Redirect("reg. aspx");
    }
    else
    {

        string myCnn=ConfigurationSettings. AppSettings["ConnectionString"];
```

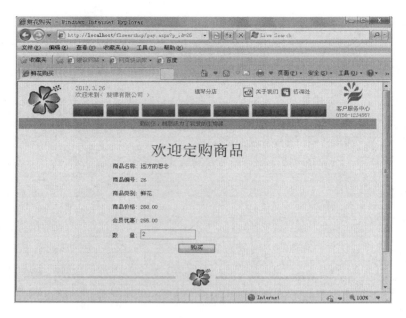

图 3 - 10  定购商品页面

```
SqlConnection Conn;
Conn=new SqlConnection(myCnn);

string str="Select p_name,p_id,p_price,p_discount,p_type From products Left Join p_type On products. p_ty-
peid = p_type. p_typeid Where p_id = " + Request. QueryString["p_id"];
SqlDataAdapter da=new SqlDataAdapter(str,Conn);
DataSet ds=new DataSet();

da. Fill(ds,"products");

DataRow dr = ds. Tables["products"]. Rows[0];

lblProductName. Text = "商品名称:" + dr["p_name"];
lblProductID. Text = "商品编号:" + dr["p_id"];
lblTypeName. Text = "商品类别:" + dr["p_type"];
lblPrice. Text = "商品价格:" + dr["p_price"];
lblDiscount. Text = "会员优惠:" + dr["p_discount"];
Conn. Close();
    }
}
```

◆ 步骤 3:设计 Submit_Click 函数,实现定购商品的功能。

```
void Submit_Click(Object sender, EventArgs e)
```

48

```csharp
{
    string myCnn=ConfigurationSettings. AppSettings["ConnectionString"];
    SqlConnection Conn;
    Conn=new SqlConnection(myCnn);

    if(Convert. ToString(Session["CustomerID"])=="")
    {
        string strSQL="Insert Into customers (orderdate) values ('"+DateTime. Now+"')";

        SqlCommand Comm=new SqlCommand(strSQL,Conn);
        Comm. Connection. Open();
        Comm. ExecuteNonQuery();

        string str2="Select Max(customer_id) as MaxID From customers";
        SqlDataAdapter da2=new SqlDataAdapter(str2,Conn);
        DataSet ds2=new DataSet();

        da2. Fill(ds2,"customer_id");
        DataRow dr2 = ds2. Tables["customer_id"]. Rows[0];
        Session["CustomerID"] = dr2["MaxID"];
        Conn. Close();
    }

    string str3="Select p_name,p_price,p_discount From products Where p_id = " + Request. QueryString["p_id"];
    SqlDataAdapter da3=new SqlDataAdapter(str3,Conn);
    DataSet ds3=new DataSet();

    da3. Fill(ds3,"p_id");
    DataRow dr3 = ds3. Tables["p_id"]. Rows[0];
    int CurrentQuantity = Convert. ToInt32(txtQuantity. Text);
    double CurrentDiscount =Convert. ToDouble(dr3["p_discount"]);
    double CurrentTotal = CurrentQuantity * CurrentDiscount;
    string CurrentProductName = Convert. ToString(dr3["p_name"]);

    string strSQL2="Insert Into orders (customer_id,p_id,p_name,quantity,total) values (" + Session["CustomerID"] + ", " + Request. QueryString["p_id"] + ", " + "'" + CurrentProductName + "', " + CurrentQuantity + ", " + CurrentTotal + ")";
    SqlCommand Comm2=new SqlCommand(strSQL2,Conn);
    Comm2. Connection. Open();
    Comm2. ExecuteNonQuery();

    Response. Redirect("payend. aspx");
```

```
        Conn. Close();
    }
```

◆ 步骤 4：设计页面 payend. aspx，商品结账的页面文件为 payend. aspx，如图 3 − 11 所示。

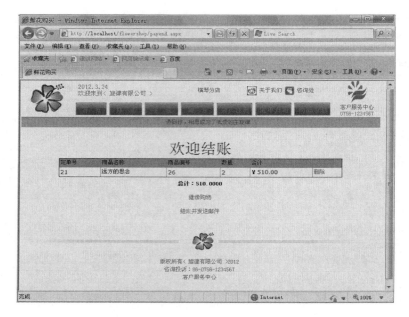

图 3 − 11　商品结账页面

◆ 步骤 5：设计 Page _ Load 函数，实现结账页面显示的功能。

```
public void Page_Load(Object Sender, EventArgs E)
{
    string username＝Convert. ToString(Session["username"]);
    if(username＝＝"")
    {
        Response. Redirect("reg. aspx");
    }
    else
    {
    if(Session["CustomerID"]!＝"")
    {
        string myCnn＝ConfigurationSettings. AppSettings["ConnectionString"];
        SqlConnection Conn;
        Conn＝new SqlConnection(myCnn);

        string str＝"Select customer_id,p_name,p_id,order_id,quantity,total From orders Where customer_id ＝ "
＋ Session["CustomerID"] ＋ " Order By p_name";
        SqlDataAdapter da＝new SqlDataAdapter(str,Conn);
```

```
DataSet ds=new DataSet();

da. Fill(ds,"orders");
payGrid. DataSource =ds. Tables["orders"]. DefaultView;
payGrid. DataBind();

string str2="Select Sum(total) as totals From orders Where customer_id = " + Session["CustomerID"];
SqlDataAdapter da2=new SqlDataAdapter(str2,Conn);
DataSet ds2=new DataSet();

da2. Fill(ds2,"totals");
DataRow dr = ds2. Tables["totals"]. Rows[0];
lblPriceTotal. Text = "总计:" + dr["totals"];
Conn. Close();
    }
  }
}
```

◆ 步骤 6：设计 DataGrid _ Delete 函数，实现删除相应数据的功能。

```
public void DataGrid_Delete(Object sender,DataGridCommandEventArgs E)
{
    string myCnn=ConfigurationSettings. AppSettings["ConnectionString"];
    SqlConnection Conn;
    Conn=new SqlConnection(myCnn);

    string strSQL="Delete from orders Where order_id = " + payGrid. DataKeys[(int)E. Item. ItemIndex];
    SqlCommand Comm=new SqlCommand(strSQL,Conn);
    Comm. Connection. Open();
    Comm. ExecuteNonQuery();
    Comm. Connection. Close();

    string str="Select customer_id,p_name,p_id,order_id,quantity,total From orders Where customer_id = " +
Session["CustomerID"] + " Order By p_name";
    SqlDataAdapter da=new SqlDataAdapter(str,Conn);
    DataSet ds=new DataSet();

    da. Fill(ds,"orders");
    payGrid. DataSource =ds. Tables["orders"]. DefaultView;
    payGrid. DataBind();

    if(ds. Tables["orders"]. Rows. Count == 0)
    {
    lblPriceTotal. Text = "定购信息里没有商品,请先选购商品。";
    }
```

```
else
{
string str2="Select Sum(total) as totals From orders Where customer_id = " + Session["CustomerID"];
SqlDataAdapter da2=new SqlDataAdapter(str2,Conn);
DataSet ds2=new DataSet();

da2.Fill(ds2,"totals");
DataRow dr2 = ds2.Tables["totals"].Rows[0];
lblPriceTotal.Text = "总计:" + dr2["totals"];
}
Conn.Close();
}
```

## 教学活动 2  设计定单统计页面

【问题导向】

- 引导问题 1：定单统计页面主要使用的 DataTable 控件具有什么功能？
- 引导问题 2：定单统计页面应使用什么控件实现付款信息统计的功能？

【操作指引】

◆ 步骤 1：设计页面 email. aspx，定单统计页面的程序文件为 email. aspx。该页面的主要功能是实现提示输入相应收货人的信息并且提交，效果如图 3 - 12 所示。

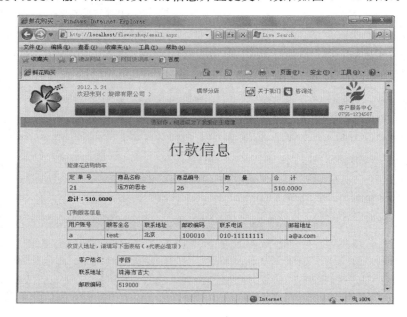

图 3 - 12  定单统计页面

52

◆ 步骤 2：设计 Page_Load 函数，通过调用 Page_Load 函数实现初始化定单统计页面的功能。

```
public void Page_Load(Object Sender, EventArgs E)
{
    username=Convert. ToString(Session["username"]);
    if(username=="")
    {
        Response. Redirect("reg. aspx");
    }
    else
    {
      if(Session["CustomerID"] == "")
      {
          Response. Redirect("payend. aspx");
      }
      if(! Page. IsPostBack)
      {

          Conn=new SqlConnection(myCnn);

          string str="Select order_id From orders Where customer_id = " + Session["CustomerID"] + " Order By p_name";

          SqlDataAdapter da=new SqlDataAdapter(str,Conn);
          DataSet ds=new DataSet();

          da. Fill(ds,"orders");
          if(ds. Tables["orders"]. Rows. Count == 0)
          {
              Response. Redirect("payend. aspx");
          }
      }

          Conn=new SqlConnection(myCnn);
          String str2="select customer_id,p_name,p_id,quantity,total from orders Where customer_id = " + Session["CustomerID"] + "order by p_name";
          SqlDataAdapter da2=new SqlDataAdapter(str2,Conn);
          DataSet ds2 = new DataSet();
          da2. Fill(ds2,"orders");
          dgOrder. DataSource = ds2. Tables["orders"]. DefaultView;
          dgOrder. DataBind();
          string str3="Select Sum(total) as totals From orders Where customer_id = " + Session["CustomerID"];
          SqlDataAdapter da3=new SqlDataAdapter(str3,Conn);
          DataSet ds3=new DataSet();
          da3. Fill(ds3,"totals");
```

```
        DataRow dr3 = ds3. Tables["totals"]. Rows[0];
        lblPriceTotal. Text = "总计:" + dr3["totals"];
        String str4="Select username,myname,address,zip,phone,email From users Where username='" + user-
name +"'";

        SqlDataAdapter da4=new SqlDataAdapter(str4,Conn);
        DataSet ds4 = new DataSet();
        da4. Fill(ds4,"users");
        dgUsers. DataSource = ds4. Tables["users"]. DefaultView;
        dgUsers. DataBind();
    }
}
```

◆ 步骤 3：设计 SubmitCheckOut _ Click 函数，实现定单统计信息的提交功能。

```
void SubmitCheckOut_Click(Object sender, EventArgs e)
{
    Conn=new SqlConnection(myCnn);

    string str="Select Sum(total) as totals From orders Where customer_id = " + Session["CustomerID"];
    SqlDataAdapter da=new SqlDataAdapter(str,Conn);
    DataSet ds=new DataSet();

    da. Fill(ds,"totals");

    DataRow dr = ds. Tables["totals"]. Rows[0];
    string totals =Convert. ToString(dr["totals"]);

    string strSQL="Update customers set ordertotal =" + totals + ",username='" + username + "'" + ",
consiname = '" + txtName. Text + "', " + "consiaddress = '" + txtAddress. Text + "', " + "consizip = '" + txtZip-
Code. Text + "', " + "consiphone = '" + txtPhone. Text + "', " + "consiemail = '" + txtEmail. Text + "'" + "
Where customer_id = " + Session["CustomerID"];
    SqlCommand Comm=new SqlCommand(strSQL,Conn);
    Comm. Connection. Open();
    Comm. ExecuteNonQuery();
    string TheMessage = "您的定单信息:" + "定单号:" + Session["CustomerID"];
    MailMessage mailObj=new MailMessage();
    mailObj. From="xinzhiyu@a. com";
    mailObj. To=txtEmail. Text;
    mailObj. Subject="您的定单信息";
    mailObj. Body=TheMessage;
    SmtpMail. Send(mailObj);
    Response. Redirect("emailend. aspx");
}
```

**考核评价**

表 3-7 评价表

| 评价内容 | 个人评价 | 小组评价 | 教师评价 |
|---|---|---|---|
| 1. 定购商品功能的实现 | | | |
| 2. 商品结账的页面设计 | | | |
| 3. 付款信息的页面设计 | | | |
| 4. 定单统计页面功能的设计 | | | |
| 总体得分 | | | |
| 平均得分 | | | |

表 3-8 工作过程能力评价表

| 评价内容 | 评分标准 | 得分原因 | 得分 |
|---|---|---|---|
| 1. 工作任务明确 | 每项加 5 分 | | |
| 2. 工作任务完成情况 | 每项加 5 分 | | |
| 3. 基本知识技能掌握情况 | 每项加 5 分 | | |
| 4. 钻研学习与创新能力 | 能独立解决问题或提出较好的见解，每项加 5 分 | | |
| 5. 工作计划设计能力 | 计划可行性好，每项加 5 分 | | |
| 6. 客户服务意识 | 体现客户服务意识，每项加 5 分 | | |
| 7. 团队合作精神 | 小组成员的参与度，每人次加 5 分 | | |
| 合　　计 | | | |

日期：＿＿＿＿年＿＿月＿＿日　　　　　　　　　　　　　评价人签名：＿＿＿＿＿

# 电子商务网站的测试管理与发布

## 学习任务1　申请网站空间与上传网站

建议学时：　6　学时

### 工作目标

- 学习利用网络免费资源申请网上空间。
- 学习使用工具软件上传网站。

### 任务描述

对于个人来说，拥有自己的主机服务器是不太可能的，但可以在使用其他服务器的空间来构建自己的网上家园。有一些比较大型的服务器，如 www.163.com、www.51.net 等网站，他们出于宣传本网站的目的，提供免费主页空间，用户只需填写申请就可以使用属于自己的主页空间了。

- 教学活动1　申请空间
- 教学活动2　利用 FTP 工具上传网站
- 教学活动3　使用 Dreamweaver 上传网站

### 任务实现

**教学活动1　申请空间**

**【问题导向】**

- 引导问题1：如何申请网上空间？请查阅相关教材资料。
- 引导问题2：网上空间类型包括哪些？
- 引导问题3：写出 FTP 工具上传网站与 Dreamweaver 上传网站的不同点。

**【操作指引】**

◆ 步骤1：打开 IE，进入 http://www.3v.cm 网站进行主页空间申请，如图 4-1 所示。

◆ 步骤2：确认注册成功后，弹出注册空间的相关注册信息窗口，要牢记空间地址、注册名、密码等资料，如图 4-2 所示。

◆ 步骤3：为体现网站的合法性，在申请完空间后有必要对空间立即做好网站备案工

图 4 - 1　网站窗口

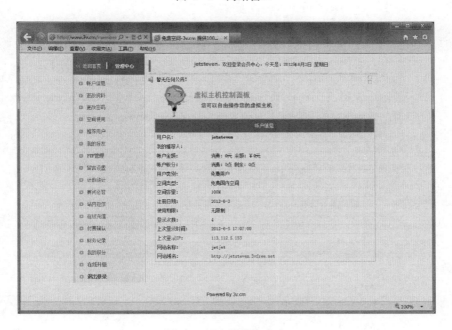

图 4 - 2　注册信息窗口

作，防止网站被封锁，但有些网站不提供此项功能。例如，在虎翼网申请后可以进行如图
4 - 3 所示的备案方式。

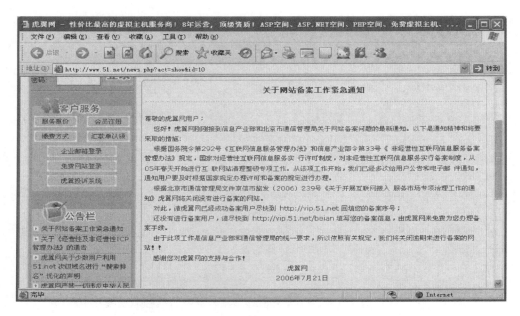

图 4-3 网站备案工作提示

## 教学活动 2 利用 FTP 工具上传网站

### 【问题导向】

- 引导问题 1：FTP 表示什么意思？请查阅相关教材资料。
- 引导问题 2：请写出你认识的上传工具软件名称。
- 引导问题 3：用 FTP 上传网站，应注意什么问题？
- 引导问题 4：FTP 上传与 Dreamweaver 上传有什么区别？

### 【操作指引】

◆ 步骤 1：打开 cuteFTP 软件，如图 4-4 所示。

◆ 步骤 2：在 cuteFTP 工具栏下方输入相应的信息，然后点击铵钮就可以进行 FTP 连接了，如图 4-5 所示。

提示

- 主机：这是连接远方服务器的主机地址。
- 用户名：填写注册时的用户名。
- 密码：填写注册时的密码。
- 端口：cuteFTP 会根据连接信息的情况给出相应的端口地址进行连接，一般分为 FTP（21）和 FTP（80）两种端口。

◆ 步骤 3：站点连接成功后，反馈窗口如图 4-6 所示。

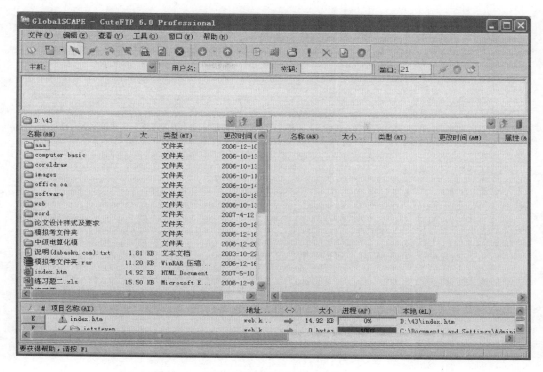

图 4-4 cuteFTP 软件

图 4-5 cuteFTP 软件 登录信息

## 教学活动 3 使用 Dreamweaver 上传网站

### 【问题导向】

- 引导问题 1：请查阅相关教材资料，了解 Dreamweaver 上传的规则。
- 引导问题 2：上传站点的要求有哪些？
- 引导问题 3：写出上传的大概过程。

### 【操作指引】

◆ 步骤 1：打开 Dreamweaver，点击菜单"站点"→"新建站点"，如图 4-7 所示。
◆ 步骤 2：点击"确定"完成站点的定义，如图 4-8 所示。
◆ 步骤 3：点击图 4-8 中的 ▥ 按钮，打开站点文件列表窗口，以便进行上传站点文

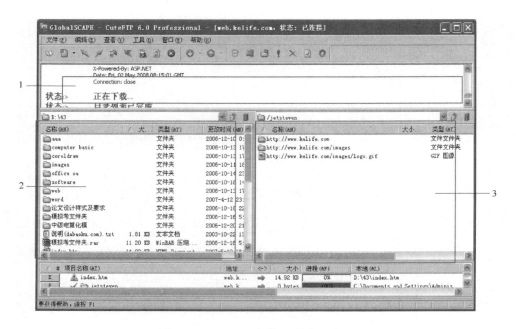

图 4 - 6　cuteFTP 软件 连接成功窗口

1—登录信息窗口；2—本地站点目录浏览窗口；3—远方服务器目录窗口，此处提示已成功连接

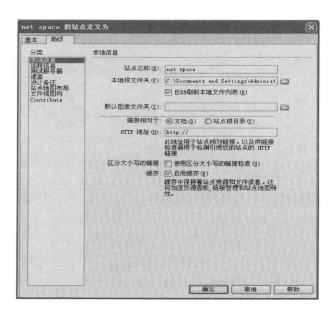

图 4 - 7　站点

件，如图 4 - 9 所示。

◆ 步骤 4：点击工具栏中的 ，与远方服务器建立连接，如图 4 - 10 所示。

◆ 步骤 5：连接成功后，在右侧窗口选中文件就可以上传了，如图 4 - 11 所示。

图 4-8 站点图

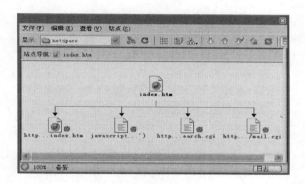

图 4-9 站点地图

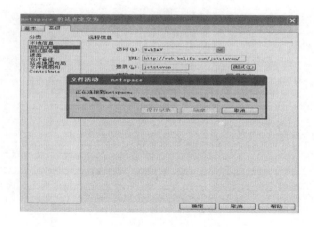

图 4-10 站点地图连接过程

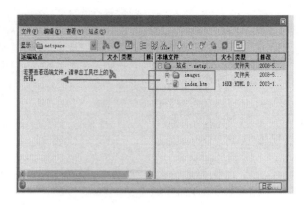

图 4-11　上传窗口

## 考核评价

表 4-1　　　　　　　　　　　　　　评价表

| 评价内容 | 个人评价 | 小组评价 | 教师评价 |
|---|---|---|---|
| 1. 申请空间是否成功 | | | |
| 2. 上传是否成功 | | | |
| 3. 测试是否通过 | | | |
| 总体得分 | | | |
| 平均得分 | | | |

表 4-2　　　　　　　　　　　　工作过程能力评价表

| 评价内容 | 评分标准 | 得分原因 | 得分 |
|---|---|---|---|
| 1. 工作任务明确 | 每项加 5 分 | | |
| 2. 工作任务完成情况 | 每项加 5 分 | | |
| 3. 基本知识技能掌握情况 | 每项加 5 分 | | |
| 4. 钻研学习与创新能力 | 能独立解决问题或提出较好的见解，每项加 5 分 | | |
| 5. 工作计划设计能力 | 计划可行性好，每项加 5 分 | | |
| 6. 客户服务意识 | 体现客户服务意识，每项加 5 分 | | |
| 7. 团队合作精神 | 小组成员的参与度，每人次加 5 分 | | |
| 合　　计 | | | |

日期：_____年____月____日　　　　　　　　　　　　　评价人签名：_____

# 学习任务 2　网站测试与维护管理

建议学时：___6___学时

## 工作目标

- 学习 Dreamweaver 的上传方法。

## 任务描述

Dreamweaver 是开发网站的专业性工具，其站点的管理功能是相当强大的，网站在发布之后可以利用站点的管理功能对本地站点和远程站点进行管理，如果网站在运行时出现问题或者需要修改网站的某一部分，就需要进行相关的维护工作，这就是网站后期维护工作，同时也是网站开发过程中比较重要的一个环节。

- 教学活动 1　管理链接
- 教学活动 2　测试目标浏览器
- 教学活动 3　维护和更新网站

## 任务实现

### 教学活动 1　管理链接

【问题导向】

- 引导问题 1：什么是链接？请查阅相关教材资料。
- 引导问题 2：如何管理链接？请查阅相关教材资料。
- 引导问题 3：如何设置链接的效果？请查阅相关教材资料。
- 引导问题 4：请查阅相关教材资料，了解链接的特点。

【操作指引】

◆ 步骤 1：用 Dreamweaver 打开如图 4-12 所示网站，并做好相应的本地站点链接设置。

◆ 步骤 2：点击菜单"文件"→"检查页"→"检查链接"选项，打开如图 4-13 所示窗口，可在工具栏的"显示"工具的下拉列表菜单中选择网站的链接方式进行管理测试。

### 教学活动 2　测试目标浏览器

【问题导向】

- 引导问题：请查阅相关教材资料，了解测试目标浏览器的过程。

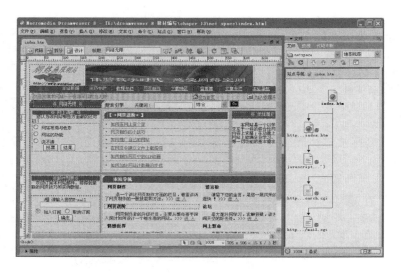

图 4 - 12　网站

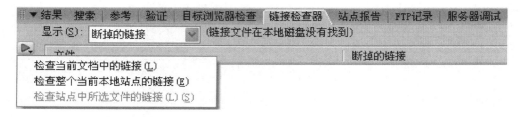

图 4 - 13　检查链接

**【操作指引】**

◆ 步骤 1：用 Dreamweaver 打开网站。

◆ 步骤 2：点击菜单 "文件" → "检查页" → "检查目标浏览器"，打开如图 4 - 14 所示窗口，在工具栏的 "显示" 工具的下拉列表菜单中选择网站的检查方式进行测试。

图 4 - 14　检查目标浏览器

◆ 步骤3：点击工具栏的  按钮，选择"为当前文档检查目标浏览器"项目进行测试，如图4-15所示。

图4-15　检查目标

◆ 步骤4：点击工具栏的 ▷ 铵扭，从下拉菜单中选择"设置"，打开"目标浏览器"窗口，设置浏览器的最低版本要求，如图4-16所示。

图4-16　目标浏览器

**教学活动3　维护和更新网站**

**【问题导向】**

- 引导问题1：请查阅相关教材资料，了解什么是网站的维护。
- 引导问题2：请查阅相关教材资料，了解网站更新工作。
- 引导问题3：请查阅相关教材资料，了解网站如何推广。

**【操作指引】**

◆ 网站维护工作包括：
（1）网站维护的项目服务器的软硬件维护；
（2）服务器软硬件维护；
（3）网站安全维护；

（4）网站内容更新。

◆ 网站更新工作包括：

（1）更新外链；

（2）更新文章；

（3）更新友情链接。

◆ 网站推广包括：

（1）分类信息推广；

（2）微博营销推广；

（3）百科类推广；

（4）行业导航站推广。

## 考核评价

表 4 - 3                  评价表

| 评价内容 | 个人评价 | 小组评价 | 教师评价 |
|---|---|---|---|
| 1. 维护工作 | | | |
| 2. 测试工作 | | | |
| 3. 推广工作 | | | |
| 总体得分 | | | |
| 平均得分 | | | |

表 4 - 4                 工作过程能力评价表

| 评价内容 | 评分标准 | 得分原因 | 得分 |
|---|---|---|---|
| 1. 工作任务明确 | 每项加 5 分 | | |
| 2. 工作任务完成情况 | 每项加 5 分 | | |
| 3. 基本知识技能掌握情况 | 每项加 5 分 | | |
| 4. 钻研学习与创新能力 | 能独立解决问题或提出较好的见解，每项加 5 分 | | |
| 5. 工作计划设计能力 | 计划可行性好，每项加 5 分 | | |
| 6. 客户服务意识 | 体现客户服务意识，每项加 5 分 | | |
| 7. 团队合作精神 | 小组成员的参与度，每人次加 5 分 | | |
| 合　　计 | | | |

日期：_____年___月___日            评价人签名：_____